Kohlhammer

Björn Liedtke

Hubrettungsfahrzeuge im Brandeinsatz

Verlag W. Kohlhammer

1. Auflage 2024

Alle Rechte vorbehalten
© W. Kohlhammer GmbH, Stuttgart
Umschlagbild: Dennis Fien
Gesamtherstellung: W. Kohlhammer GmbH, Stuttgart

Print:
ISBN 978-3-17-040545-5

E-Book-Formate:
pdf: ISBN 978-3-17-040547-9
epub: ISBN 978-3-17-040548-6

Inhaltsverzeichnis

Inhaltsverzeichnis

1 Einleitung

Neben den geläufigen Einsatzarten Menschenrettung, Anleiterbereitschaft oder technische Hilfeleistung stellt auch der Einsatz zur Brandbekämpfung unter Einbindung von Hubrettungsfahrzeugen eine etablierte und häufig angewandte Einsatzpraxis dar. Mit ihrer Hilfe lassen sich in großer Höhe oder weit entfernt befindliche Brandstellen effektiv erreichen oder beträchtliche Löschmittelreichweiten und -mengen realisieren. Sind stationäre Löscheinrichtungen durch Sabotage o. ä. unbrauchbar, können sie als schnelle Löschwasser-Transportleitung ein kräftezehrendes und zeitintensives Verlegen von Schlauchleitungen im Treppenraum wirkungsvoll unterstützen. Die frühzeitige Einplanung verfügbarer Fahrzeuge kann einen positiven Einsatzverlauf einleiten bzw. ihn maßgeblich mitbestimmen. Wesentliche Elemente bei der Einsatzplanung sind dabei grundlegende Kenntnisse erforderlicher Platzverhältnisse von Hubrettungsfahrzeugen aber auch das Vordenken etwaiger Stellplatzwechsel im Einsatzverlauf mit einem daraus resultierenden, zusätzlichen Flächenbedarf. Für eine Menschenrettung ist ein Hubrettungsfahrzeug so nah wie möglich an das Anleiterziel zu positionieren, um eine maximale Zuladung erreichen zu können. Eine nachfolgende Brandbekämpfung erfordert wiederum eine angepasste Fahrzeugaufstellung, um weite Bereiche der vom Brand betroffenen Bereiche abzudecken, den Schutz vor herabfallenden Elementen und den Auswirkungen einer Brandeinwirkung sicherstellen zu können. Die Planung und der Einsatz werden häufig durch vorhandene Hindernisse, falsch geparkte Fahrzeuge oder bauliche Strukturen erschwert, die ein alternatives Vorgehen erforderlich machen können. Ein Tätig werden unter einem hohen Maß an Sicherheit muss sichergestellt werden, da die Besatzung eines Hubrettungsfahrzeuges im Einsatz teils nur schwer kalkulierbaren Risiken ausgesetzt sein kann. Daher kommt der Auswahl einer geeigneten Taktik, der richtigen Fahrzeugaufstellung sowie einer vollständig und richtig angelegten persönlichen Schutzausrüstung eine entscheidende Bedeutung zu, um negative Auswirkungen auf die Einsatzkräfte reduzieren zu können. Die Entwicklung und Verlagerung verschiedener Gefahrenmomente unterliegt dynamischen Prozessen, die beispielsweise durch Gefügeverschiebungen, Abbrand oder einen massiven Eintrag von Löschmitteln beeinflusst werden können. Die Notwendigkeit und Wirksamkeit eingeleiteter Maßnahmen sind daher regelmäßig zu prüfen, neu zu beurteilen und bei Bedarf anzupassen. Die Möglichkeiten Hubrettungsfahrzeuge zur Brandbekämpfung zu verwenden, sind vielfältig. Das vorliegende Buch möchte einige Bereiche intensiver betrachten, Grundsätze herausstellen und wirksame

Handlungsempfehlungen geben, erhebt aber gleichzeitig keinen Anspruch auf Vollständigkeit und Ausschließlichkeit der genannten Vorgehensweisen. Vielmehr möchte es dazu beitragen bestehende Notwendigkeiten und Zwänge herauszustellen, um die Integration in das jeweilige Einsatzgeschehen harmonischer gestalten zu können. Die Anwendbarkeit und eine notwendige Anpassung der vorgestellten Möglichkeiten muss in eigener Verantwortung durch eine umfassende Einsatzplanung und einer dynamischen Gefährdungsbeurteilung im aktuellen Einsatz erfolgen.

2 Technik

Europaweit werden nach der DIN EN 1846-1 insgesamt neun unterschiedliche Fahrzeuggruppen unterschieden. Eine Gruppe ist die der Hubrettungsfahrzeuge mit zwei Untergruppen, den Drehleitern und den Hubarbeitsbühnen. Der grundsätzliche technische Aufbau eines Hubrettungsfahrzeuges ist immer gleich und unterteilt sich in das Fahrgestell mit eigenem Antrieb, dem Aufbau und einem maschinell betriebenen Hubrettungssatz mit oder ohne Korb. Aufgrund unterschiedlicher, werkseitiger Vorbereitungen bieten Fahrzeuge beider Untergruppen die Möglichkeit, sie funktionell bei einer Brandbekämpfung einsetzen zu können.

2.1 Typen von Hubrettungsfahrzeugen

Es gibt verschiedene Typen von Hubrettungsfahrzeugen. Europäische Normen regeln und beschreiben Mindestanforderungen an diese Fahrzeuge. Aufgrund dieser Grundlage wird sichergestellt, dass sämtliche Fahrzeugbauer nach einem gültigen und einheitlichen Mindeststandard produzieren. Die Normung unterscheidet zwischen sogenannten automatischen und sequenziellen Drehleitern. Die DIN EN 14043 »Hubrettungsfahrzeuge für die Feuerwehr – Drehleitern mit kombinierten Bewegungen« normt die automatischen Drehleitern. Charakteristisch für diese Fahrzeuge ist die Möglichkeit, alle Bewegungsfunktionen des Auslegers gleichzeitig ausführen zu können. In der Norm sind zudem Sicherheits- und Leistungsanforderungen sowie Prüfungen definiert.

In der DIN EN 14044 »Hubrettungsfahrzeuge für die Feuerwehr – Drehleitern mit sequenziellen Bewegungen« sind die halbautomatischen Drehleitern genormt. Bei diesen Fahrzeugen ist immer nur eine Bewegung ausführbar, d. h. der Leitersatz kann immer nur nacheinander aufgerichtet, gedreht oder ausgefahren werden. Ein individueller, nationaler Normen-Anhang beschreibt jeweils die feuerwehrtechnische Beladung der Drehleitern.

Beide Normen legen sogenannte Leiterklassen fest, die die maximale Rettungshöhe in Metern beschreibt. Für jede Klasse sind zulässige Gesamtmassen definiert.

Tabelle 1: *Leiterklassen und maximale Gesamtmassen*

Einteilung in Leiterklassen (Zahlenwert gibt die maximale Rettungshöhe an):			
Leiterklasse	**18**	**24**	**30**	**> 30 – 56**
Fahrzeuglänge [in m]	9,5	9,5	11	12
Fahrzeugbreite [in m]	2,5	2,55	2,55	2,55
Fahrzeughöhe [in m]	3,3	3,3	3,3	4,0
zul. Gesamtmasse [in kg]	13 000	14 000	16 000	- – -
In die zulässige Gesamtmasse sind einzurechnen:			
Besatzung [in kg]	90 kg je Person	90 kg je Person	90 kg je Person
Ausrüstung [in kg]	325	325	325
Reservemasse [in kg]	200	200	200

Mit der verfügbaren Reservemasse sind zusätzliche Ausrüstungsvarianten möglich: dritte Person in der Kabine, Stromerzeuger, Schlauchhaspeln, etc.

Die Typen-Bezeichnung der Drehleiter-Normen orientiert sich an den geforderten Rettungshöhen der Bauordnungen, technischen Richtlinien o. ä. und ermöglicht die Rettung von Menschen aus Höhen, die bis zum siebten Obergeschoß reichen. Bezeichnet werden beispielsweise die DLAK 23/12 für die Automatik-Drehleitern oder die DLSK 23/12 für die halbautomatischen Drehleitern.

Tabelle 2: *Arten und Bezeichnungen genormter Drehleitern*

DIN EN 14043 Automatische Drehleitern	**DIN EN 14044** Sequenzielle Drehleitern
DLA 23/12	DLS 23/12
DLAK 23/12	DLSK 23/12
DLA 18/12	DLS 18/12
DLAK 18/12	DLSK 18/12
DLA 12/9	DLS 12/9
DLAK 12/9	DLSK 12/9

Aber es gibt auch Sonderbezeichnungen, beispielsweise die DLAK 26/12 der Feuerwehr Hamburg. Dieses, auf Grundlage der DIN EN 14043, erstellte Fahrzeug wurde aufgrund von Änderungen der Bauvorschriften in Hamburg notwendig, die einen Aufbau/Ausbau eines zusätzlichen Wohngeschosses ermöglichen. Um dann auch zuverlässig das achte Obergeschoß erreichen zu können, wurden diese Fahrzeuge mit einem verlängerten Ausleger konstruiert.

Im Jahr 2005 erschien die DIN EN 1777 »Hubrettungsfahrzeuge für Feuerwehren und Rettungsdienste, Hubarbeitsbühnen (HABn) – Sicherheitstechnische Anforderungen und Prüfung«. Diese Norm ist keine typenspezifische Norm, d. h. es wird kein konkretes Fahrzeug mit Nennrettungshöhen, Bauausführungen oder Beladeplänen beschrieben. Sie enthält nur Sicherheitsanforderungen, die das Gerät erfüllen muss. Es erfolgt keine Klassen- oder Höheneinteilung – diese kann jedes EU-Land, im Gegensatz zu den DL-Normen, eigenständig festlegen. Im Januar 2018 erschien zusätzlich die DIN EN 14701 »Hubrettungsfahrzeuge für Feuerwehren und Rettungsdienste – Teil 1: Hubarbeitsbühnen (HABn) nach DIN EN 1777 – Einsatztaktische Klassifizierung und Begriffe sowie Leistungsanforderungen von Teleskopgelenkmasten (TGM)«. Sie hat den Zweck die Beschaffung von Hubarbeitsbühnen zu erleichtern. Sie definiert Mindestleistungsanforderungen, beschreibt Typenbezeichnungen und Klassifizierungen und enthält die maximalen Gesamtmaße sowie die Fixierung einer feuerwehrtechnischen Beladung.

2.2   Technische Ausstattungsmöglichkeiten

Die angebotenen technischen Ausstattungsmöglichkeiten der Fahrzeughersteller sind sehr umfang- und detailreich. Vieles davon steht auch als Nachrüstlösung zur Verfügung. Auf diese Weise lässt sich der Einsatzwert eines bereits vorhandenen Fahrzeuges erhöhen oder eine verbesserte Sicherheit erreichen. Vorteilhaft für die Nutzung im Rahmen einer Brandbekämpfung sind eine fest verlegte Wasserleitung im Ausleger, so dass sich lange Strecken durch Ausbringen von Schlauchmaterial erübrigen. Diese können sich als Teilstück in einem Leitersatz befinden oder über die gesamte Auslegerlänge als Teleskoprohrausführung gefertigt und beispielsweise in dem Mast einer Hubarbeitsbühne integriert sein. Der Aufbau einer Löschwasserversorgung kann insgesamt schneller erfolgen und die Schlauchführung durch ein optionales, aufsteckbares »Schlauchfenster« vereinfacht werden. Der Einbau sogenannter »Erkundungsscheinwerfer« erleichtert das Aufspüren von Hindernissen in der Dunkelheit. Beim Einschalten des Nebenantriebes werden extra verbaute Scheinwerfer aktiviert, bzw. vorhandene Scheinwerfer in eine vordefinierte Stellung gelenkt, um den Bereich oberhalb des Hubrettungsfahrzeuges auszuleuchten. Selbst bei hochliegenden Leitungsseilen ergibt deren Reflexion eine sehr gute Sichtbarkeit dieser Gefahrenquelle. Ein weiterer Vorteil besteht in der Ausleuchtung von Fassaden oder anderen anzuleiternden Stellen. Falls keine speziellen Erkundungsscheinwerfer vorhanden sind, können sonstige (Hand-)Scheinwerfer hilfsweise manuell zur Erkundung nach Leitungen oberhalb des Hubrettungsfahrzeuges eingesetzt werden. Da Einsatzkräfte im Brandeinsatz Beeinträchtigungen durch den Brandrauch ausgesetzt sein können, kommt dem Atemschutz eine zentrale Bedeutung zu. Auch die Besatzungen von Hubrettungsfahrzeugen müssen sich effektiv vor giftigen Rauchgasen schützen, daher beschreiben die nachfolgenden Punkte mögliche technische Atemschutzausstattungen, um eine adäquate Sicherheit erreichen zu können.

2.3   Pressluftatmer-Lagerung

Das Anlegen eines Pressluftatmers im Rahmen eines Brandeinsatzes sollte für direkt agierende Einsatzkräfte im Nahbereich vorhandener Brand- und Brandfolgeprodukte (► Kapitel 5.1) obligatorisch sein. Auch die Besatzung eines Hubrettungsfahrzeuges kann immer wieder in die Situation geraten Atemschutzgeräte verwenden zu müssen. Insbesondere in sehr dynamischen Einsatzlagen kann es passieren, dass u. U. vorschnell auf das Anlegen eines Pressluftatmers verzichtet wird, um einen scheinbaren Zeitvorteil zu erlangen. Müssen Einsatzmaßnahmen jedoch aufgrund einer nur unvollständig angelegten Schutzausrüstung unterbrochen werden, wird dieser vermeintliche Vorteil ebenso schnell wieder zunichte gemacht. Eine angepasste Gerätevorhaltung kann helfen Interventionszeiten zu verkürzen und trotzdem mit einem maximalen Schutz vorgehen zu können.

Merke:

Nur mit einer vollständig angelegten und geeigneten Schutzausrüstung kann vollumfänglich Hilfe geleistet werden.

Die Ausstattung eines Hubrettungsfahrzeuges mit einem bauarttechnisch geprüften Sondersitzes, anstelle eines serienmäßigen Beifahrersitzes, ermöglicht die Integration eines Pressluftatmers in dessen Rückenlehne, ohne dass ein Anlegen des 3-Punkt-Sicherheitsgurtes oder die Funktion der Kopfstütze beeinträchtigt ist. Diese Ausstattungsoption gestattet ein schnelles Anlegen eines Atemschutzgerätes im Fahrzeuginneren.

Bild 1:   *Integrierte Pressluftatmer in einer Sondersitzanlage (Quelle: Schutz und Rettung Bern, Berufsfeuerwehr)*

Merke:

Herstellerangaben, Sicherheitsvorschriften und lokale Dienstanweisungen zum Anlegen des Pressluftatmers während der Fahrt sind zu beachten.

Nicht alle auf dem Markt erhältlichen Gerätehalterungen sind für ein Anlegen während der Anfahrt zur Einsatzstelle ausgelegt oder geben es nur bedingt bei einer »verhaltenen Fahrt« frei. Darunter wird dann das Ausrollen beim Erreichen des Einsatzortes, aber unter keinen Umständen die Alarmfahrt selbst verstanden. Diesen Umstand gilt es sowohl bei der Ausschreibung als auch bei der Ausbildung und Nutzung zu beachten!

Achtung:

Die Bänderung von Atemschutzgeräten ersetzt keinen Sicherheitsgurt! Die Konzeption und Konstruktion einer Gerätebänderung oder eines Sondersitzes ist nicht darauf ausgelegt, auftretende Kräfte wie ein Fahrzeug-Sicherheitsgurt aufzunehmen. Eine Verwendung darf daher nur zusammen mit einem angelegten Sicherheitsgurt erfolgen, andernfalls besteht die Gefahr, dass sich die Geräte bei einem Unfallgeschehen aus der Halterung lösen können und Einsatzkräfte mit einem angelegten Pressluftatmer durch das Fahrzeug geschleudert werden. Dies birgt für alle Insassen ein deutlich höheres Verletzungsrisiko.

2.4 Zentrale Atemluftversorgung

Eine unterbrechungsfreie und leicht zu überwachende Atemluftversorgung ist essenzieller Bestandteil eines sicheren Atemschutzeinsatzes. Neben den mobilen

Bild 2: *Zentrale Atemluftversorgung am Drehgestell einer Hubarbeitsbühne (Quelle: Niels Walle)*

Luftsystemen kann mittels einer fest eingebauten, zentralen Atemluftversorgung am Hubrettungsfahrzeug eine große Menge an komprimierter Luft bevorratet werden. Beispielsweise können an den Drehgestellen von Hubrettungsfahrzeugen spezielle Flaschenbatteriesysteme mit einem integrierten Druckminderer fest installiert werden. Über verlegte Versorgungsleitungen kann schnell und direkt am Hauptbedienstand oder im Korb über Anschluss-Steckverbindungen mit entsprechend langen Mitteldruckleitungen und einem Atemanschluss eine umluftunabhängige Luftversorgung hergestellt werden. Die Fahrzeugbesatzung wird körperlich entlastet, da kein Gewicht eines Pressluftatmers getragen werden muss. Erfordert der Einsatz dann überwiegend nur steuernde und überwachende Tätigkeiten eines Löschmittelstrahles, lassen sich so u. U. die Einsatzzeiten eingesetzter Kräfte verlängern. Eine Zeitausdehnung darf jedoch nur unter Berücksichtigung verschiedener Faktoren (Einsatzgrundsätze, physische Verfassung, bestehende und zu erwartende Belastungen sowie vorherrschender Witterungsverhältnisse usw.) erfolgen. In Verbindung mit einer engmaschigen Kontrolle und Überwachung der eingesetzten Trupps eignet

Bild 3: *Zusammenschluss mehrerer Atemluftflaschen zu einem zentralen Atemluftvorrat (Quelle: Niels Walle)*

sich dieses Vorgehen somit eher bei einer statischen Tätigkeit (Riegelstellung, lang andauernde, räumlich reduzierte Brandbekämpfung). Befindet sich der Einsatzablauf noch in einer dynamischen Phase, bei der sich jederzeit der Einsatzschwerpunkt verändern oder verlagern kann, sollte die Verwendung eines stationären Luftsystems genau überdacht werden. Die nur geringe zur Verfügung stehende Länge der Mitteldruckleitung macht ein Verlassen des Korbes unter Atemschutz, beispielsweise für eine plötzlich durchzuführende Menschenrettung ohne Eigengefährdung, unmöglich. Gegebenenfalls muss eine Struktur betreten werden oder zu rettende Personen müssen bei einem Übersteigen in den Korb unterstützt werden. Das Retten einer bewusstlosen Person aus einem verrauchten Bereich ist nahezu unmöglich. Bei der Ausstattung eines Hubrettungsfahrzeuges mit einer Atemluft-Zentralversorgung ist es daher empfehlenswert zusätzlich noch klassische Behältergeräte zu verlasten, um jederzeit adäquat auf die Dynamik eines Einsatzgeschehens reagieren zu können.

3 Einsatzschema für Hubrettungsfahrzeuge

Grundsätzlich gilt nach wie vor: Kein Einsatz gleicht einem anderen. Variierende Einsatzanlässe, verschiedene Einsatzorte und wechselnde Rahmenbedingungen erfordern jedes Mal eine angepasste, vollständige und prioritätenorientierte Erkundung der vorgefundenen Lage. Nicht selten müssen Erkundungsmaßnahmen in kürzester Zeit oder aber auch an ausgedehnten, unwegsamen Einsatzstellen durchgeführt werden. Diese, teils sehr anspruchsvolle Informationsaufnahme und -verarbeitung muss vom Einheitsführer des Hubrettungsfahrzeuges sorgfältig ausgeführt, bewertet und nach Schwerpunkten sortiert werden. Eine vorschnelle Entscheidungsfindung aufgrund intuitiver oder unvollständiger Ergebnisse gilt es zu vermeiden. Nur eine ausreichende Erkundung lässt die Prioritäten zuverlässig erkennen und schließlich die folgerichtigen Einsatzmaßnahmen einleiten. Das Vorgehen der einzelnen Einheitsführer in der Erkundungsphase weicht häufig jedoch in Form und Inhalt voneinander ab. Gründe hierfür können unterschiedliche Ausbildungen, Erfahrungen und gegensätzliche Ansichten und Ausführungsmethoden sein. Zur Vermeidung von fehlerhaften Interpretationen und Handlungen ist es daher sinnvoll, ein einheitliches und praktisches Vorgehen anzuwenden. Konkrete Hilfestellung bei der Einsatzplanung bietet das »Einsatzschema für Hubrettungsfahrzeuge« nach Beneke/Unger. Dieses bereits seit 2012 anerkannte System stellt das probate Mittel zur schnellen und sicheren Entscheidungsfindung für den Einsatz von Drehleitern und Hubarbeitsbühnen dar. Das Einsatzschema ist einfach und effizient zugleich, leicht erlernbar und insbesondere in zeitkritischen oder komplexen Einsatzlagen hilfreich. Der immer gleiche Aufbau und einheitliche Ablauf teilt den Gesamteinsatz in drei nacheinander abzuarbeitende Schritte ein. Ein Rad greift in das andere, aus diesem Grund erfolgt die Darstellung des Merkschemas bewusst als drei ineinandergreifende Zahnräder. Die Farbgebung der einzelnen Räder – rot, gelb, grün – orientiert sich an dem Führungsvorgang aus der Feuerwehr-Dienstvorschrift 100 »Führung und Leitung im Einsatz« (FwDV 100). Die Farbe Rot markiert die Lagefeststellung, Gelb die Planung und Grün den daraus resultierenden Einsatzauftrag. Durch das Drehen des ersten roten Zahnrades beginnt die Erkundung und die Entscheidungsfindung wird eingeleitet. Der erste Fokus liegt in der Fragestellung »Wofür muss ich mein Fahrzeug einsetzen – also für welche Einsatzart?« Im Rahmen der Einsatzart Menschenrettung, Anleiterbereitschaft, Brandbekämpfung oder Technische Hilfeleistung gibt es keinen allgemein gültigen Standort für ein Hubrettungsfahrzeug. Jeder Einsatzanlass erfordert die Einhaltung differenzierter Einsatzgrundsätze und bestimmt so wesentlich die Position eines Fahrzeuges. Durch die eingeleitete Drehung des roten Zahnrades wird unweigerlich auch das gelbe Zahnrad bewegt, das die Planung beinhaltet wie das jeweilige Anleiterziel erreicht werden kann. Zur Auswahl stehen drei Anleiterarten – Frontal, Horizontal-Flucht und Vertikal-Flucht. Durch sie wird bestimmt wie der Korb, der Hubrettungssatz oder der Ausleger zum Anleiterziel hin ausgerichtet sein werden. Die klare Auswahl und Mitteilung der ausgewählten Anleiterart ermöglicht der Fahrzeugbesatzung bereits vor dem In-stellungbringen eine Vorstellung darüber zu erlangen, wie die ausgewählte Ausrichtung in der Folge aussehen wird. Die Anleiterart ist ein maßgeblicher Faktor zur Positionierung des Fahrzeuges. In der Folge muss das Hubrettungsfahrzeug zur festgelegten Standfläche hin eingewiesen werden. Die Bewegung des grünen Zahnrades erfolgt nach dem Abschluss der Planung und beinhaltet die Umsetzung der HAUS–Regel. In der seit Jahren etablierten Merkregel HAUS steht das »H« für Hindernisse, »A« für Abstände, »U« für den Untergrund und das »S« für die Sicherheit. Sie übernimmt einen wichtigen Beitrag für einen sicheren Einsatz und dient einer vollständigen Betrachtung und Beurteilung des Gesamteinsatzes. Hindernisse müssen zuverlässig erkannt und notwendige Abstände zum Anleiterziel ermittelt werden. Die Untersuchung und Kontrolle des Untergrundes stellt sicher, dass die auftretenden Belastungen sicher und über den gesamten Einsatzverlauf hin aufgenommen werden können. Die Gewährleistung der Sicherheit muss jederzeit gegeben sein. Das Einsatzschema für Hubrettungsfahrzeuge ist DER Leitfaden für den Ausbildungs- und Einsatzdienst. Das Schema fasst alle wesentlichen Handlungen zur schnellen, richtigen und sicheren Positionierung des Hubrettungsfahrzeuges als eine folgerichtige Abfolge zusammen. Die konsequente Anwendung des Merkschemas ist »der rote Faden« bei der Bewältigung der vielfältigen Einsatzszenarien. Es ermöglicht einen zuverlässigen Einstieg in ein Einsatzszenario, die Entscheidungsfindung und das Kontrollieren der eingeleiteten Maßnahmen an der Einsatzstelle. Gerade in stressbehafteten Situationen kann man anhand des Einsatzschemas die richtigen Entscheidungen treffen. Nur mit der richtigen Position eines Hubrettungsfahrzeuges kann ein maximaler Einsatzerfolg, das richtige Mittel zur richtigen Zeit am richtigen Ort, erreicht werden.

Bild 4: *Einsatzschema für Hubrettungsfahrzeuge (Quelle: Beneke/ Unger, 2012)*

3.1   Einsatzart Brandbekämpfung

Menschenrettung, Anleiterbereitschaft, Technische Hilfeleistung und Brandbekämpfung sind die vier, in das Einsatzschema für Hubrettungsfahrzeuge, eingebetteten Einsatzarten. Ihre Unterscheidung begründet sich durch differenzierte Einsatzgrundsätze, die für ein richtiges und sicheres Vorgehen zu berücksichtigen und einzuhalten sind. Im Rahmen einer Brandbekämpfung können Drehleitern und Hubarbeitsbühnen vielfältig eingesetzt werden. Direkte Maßnahmen zur Bekämpfung eines Brandes sind ebenso möglich wie vorbereitende oder unterstützende Tätigkeiten. Nicht selten werden durch ihre Verwendung Löschtätigkeiten erst ermöglicht (▶ Kapitel 7). Große Höhenunterschiede können schnell überwunden und weit ausgedehnte Bereiche können gut abgedeckt werden. Mittels handgeführter Strahlrohre oder einem Wenderohr lassen sich über sie leicht alle gängigen Löschmittel ausbringen. Sie bieten eine sichere Standfläche oder fungieren als sicherer Anschlagpunkt für Material zur Absturzsicherung (▶ Kapitel 5.7.3), wenn ein Öffnen von Dacheindeckungen oder anderer, eine Brandstelle überdeckende Strukturen erforderlich wird. Einfach anzubringende Überdruckbelüftungsgeräte unterstützen eine taktische Ventilation von Brandstellen (▶ Kapitel 8). Bei einer Brandbekämpfung sind die Bedienmannschaft und das Fahrzeug vielen Gefahren ausgesetzt, wie z. B. den Auswirkungen einer rasanten Brandausbreitung, Wärmestrahlung oder herabstürzender Strukturteile. Eine gewissenhafte Erkundung und die stetige Kontrolle eingeleiteter Maßnahmen in Verbindung mit fundierten Kenntnissen über relevante Gefahren sowie notwendiger Sicherungs- und Präventionsmaßnahmen ermöglichen einen Einsatz unter einem kalkulierbaren Risiko mit einem hohen Maß an Sicherheit.

Einsatzgrundsätze Brandbekämpfung

Wohnungs-/Zimmerbrand:

- Vollständige Persönliche Schutzausrüstung »Brand« und Atemschutz verwenden.
- Korb unterhalb des Fenstersimses positionieren.
- Wassermenge der Brandintensität anpassen.
- Kommunikation mit Kräften im Innenangriff, bevor Löschmaßnahmen von außen aufgenommen werden. → Verbrühungsgefahr!

Brände in Industrieobjekten:

- Vollständige Persönliche Schutzausrüstung »Brand« und Atemschutz verwenden.
- Möglichst vor Gebäudeecken aufstellen.
- Korb nicht über das Brandobjekt bewegen.
- Eigene Pumpe zur Wasserversorgung bereitstellen.

3.2 Anleiterbereitschaft

Die Bekämpfung von Schadenfeuern innerhalb von Gebäudestrukturen erfolgt oft mittels eines Innenangriffs von Atemschutztrupps. Trotz intensiven Trainings und dem Umstand, dass es sich dabei um ein standardisiertes Vorgehen der Feuerwehren handelt, können jederzeit unterschiedlich entstehende Gefahrensituationen einen sofortigen Rückzug der Kräfte aus einem Gebäudeinneren notwendig machen. Allerdings ist dann nicht immer eine Flucht über den ursprünglichen Angriffsweg möglich. Mittels einer sogenannten »Anleiterbereitschaft« wird ein zusätzlicher Rückzugsweg von außen für die im Innenangriff tätigen Kräfte vorbereitet und sichergestellt, ohne dass bereits eine konkrete Gefahrenlage besteht. Die Anleiterbereitschaft ist ein wirksames Mittel, um die Sicherheit an einer Einsatzstelle für die Atemschutzgeräteträger im Innenangriff entscheidend zu erhöhen. Sie stellt eine eigenständige einsatztaktische Maßnahme dar und gehört daher in ihrer Wertigkeit ebenso intensiv besprochen und beplant wie andere notwendige Einsatzmaßnahmen. Das Ziel ist eine folgerichtige und leistungsfähige Durchführung. Leider ist zu beobachten, dass vielerorts eine Anleiterbereitschaft noch immer keinen Standard darstellt. Ein Grund dafür könnte sein, dass sie oftmals einfach vergessen wird. Abhilfe könnte beispielsweise ein zu gegebener Zeit ausgesprochenes Angebot der Besatzung eines Hubrettungsfahrzeuges an die Einsatzleitung schaffen. Dies trainiert die Einplanung im Führungsvorgang und die technische Durchführung dieser Einsatzmaßnahme.

Achtung:

Eine Anleiterbereitschaft darf nur nach Absprache mit der Einsatz-/Abschnittsleitung erfolgen. Es darf KEIN selbständiges Einsetzen des Fahrzeuges erfolgen, dies gefährdet eine weitere Einsatzplanung.

Die Durchführung einer Anleiterbereitschaft kann mittels eines Hubrettungsfahrzeuges, tragbarer Leitern, einem Sprungrettungsgerät oder einer Kombination daraus erfolgen. Hubrettungsfahrzeuge sind nach Möglichkeit zu bevorzugen, wenn die baulichen und organisatorischen Platzverhältnisse (▶ Kapitel 4.1) eine Verwendung zulassen. Eine Drehleiter oder Hubarbeitsbühne verfügt aufgrund der zur Verfügung stehenden Ausladung über einen großen Abdeckbereich, wenn sie möglichst an einer Gebäudeecke aufgestellt werden kann. Auf diese Weise lassen sich mit dem Ausleger weite Teile von gleich zwei Seiten abdecken. Die Ausdehnung des abzudeckenden Bereiches orientiert sich an der im Einsatz befindlichen Truppstärke und erfolgt sinnvollerweise innerhalb der 2- oder 3-Personen-Freistandsgrenzen. Eine Kombination mit weiteren Einsatzmitteln ermöglicht die Abdeckung weiterer Bereiche. Die permanente und zuverlässige Leistungsfähigkeit einer Anleiterbereitschaft muss sichergestellt sein. Durch das bereits in Stellung gebrachte und dauerhaft personell besetzte Fahrzeug können innerhalb kürzester Zeit Einsatzkräfte aus einer Notsituation befreit werden. Zusätzlich ist es wichtig den Beginn, die verwendeten Einsatzmittel und den Ort einer Bereitstellung an die Einsatzkräfte zu kommunizieren, wie beispielsweise: »Ab sofort steht an der Gebäudefront eine Drehleiter und eine 4-teilige Steckleiter als Anleiterbereitschaft bereit.« Ohne diese Informationen könnte ein in Not geratener Trupp versuchen, sich eigenständig einen ungeplanten Ausweg zu suchen. Die erforderlichen Arbeitsräume gilt es kenntlich zu machen, freizuhalten und abzusperren. Die Definition eines Übergabeortes geretteter Personen zusammen mit dem Rettungsdienst rundet das Vorgehen sinnvoll ab.

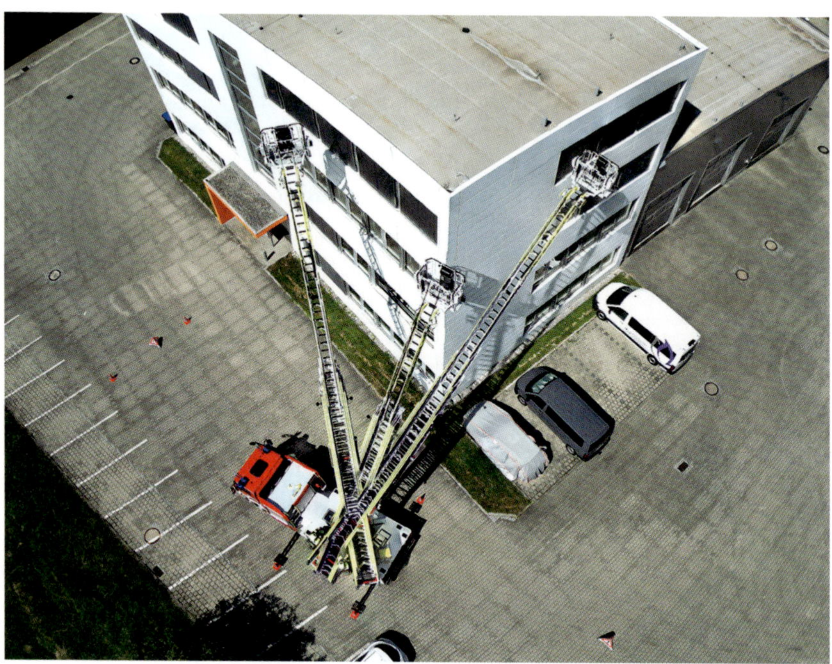

Bild 5:   *Anleiterbereitschaft auf zwei Gebäudeseiten (Quelle: FF Kiefersfelden, Christian Jörg, Markus Schroller)*

Begriffsdefinition Anleiterbereitschaft nach DIN 14011:2018-01:

Anleiterbereitschaft ist die Sicherstellung eines zusätzlichen Rückzugweges für im Innenangriff vorgehende Einsatzkräfte, wenn sich Brandstellen oberhalb des Erdgeschosses befinden oder eine Personensuche oberhalb des Brandgeschosses erfolgt, mittels in Stellung gebrachtem Hubrettungsfahrzeug, tragbarer Leiter und/oder Sprungrettungsgerät, so dass deren sofortige Nutzung im Bedarfsfall möglich ist.

Anmerkung: An einer Einsatzstelle können mehrere Anleiterbereitschaften notwendig sein.

Merke: Eine Anleiterbereitschaft kann Leben retten.

Einsatzgrundsätze Anleiterbereitschaft

- Das Fahrzeug so positionieren, dass möglichst zwei Gebäudeseiten abgesichert werden können.
- Ausladung so wählen, dass ein Trupp zusteigen kann.
- Der Hauptbedienstand muss dauerhaft besetzt sein!
- Einleitung der Anleiterbereitschaft nur nach Rücksprache mit der Einsatzleitung.
- Beginn, Art und Ort der Anleiterbereitschaft kommunizieren.
- Abdeckbaren Bereich ermitteln und zur Einsatzleitung hin kommunizieren, ggf. weitere Gerätschaften und Fahrzeuge einsetzen.

Merke:

Einsatzaufträge nicht vermischen. Ein Hubrettungsfahrzeug kann nicht gleichzeitig eine Anleiterbereitschaft und eine Brandbekämpfung durchführen. Die Maßnahmen zur Bekämpfung eines Schadenfeuers binden das Fahrzeug an einen Ort, im Bedarfsfall kann es daher nicht vollumfänglich und schnell genug in Not geratene Einsatzkräfte an verschiedenen Anleiterzielen erreichen.

Praxis-Tipp:

Anleiterbereitschaft und die Bedeutung für die Sicherheit der Atemschutzgeräteträger sollte fest in die Aus- und Fortbildung integriert werden. Hierzu empfiehlt sich ein abgestuftes Lernkonzept:

- Feuerwehrtechnische Grundausbildung: Einsatzmöglichkeiten und -grundsätze der Anleiterbereitschaft, praktisches Training mit tragbaren Leitern.
- Atemschutzgeräteträger-Lehrgang: Einsatzgrundsätze, praktische Anwendungsbeispiele im Übungsbetrieb, beispielsweise das Übersteigen auf eine Leiter/in den Korb eines Hubrettungsfahrzeuges mit Atemschutzgerät und Zusatzausrüstung.
- Truppführer-Ausbildung: Bestimmung des Anleiterortes mit tragbaren Leitern, vollständige Befehlsgebung, zügige Leitervornahme.
- Lehrgang Maschinist für Hubrettungsfahrzeuge (gemäß Musterausbildungsplan der Projektgruppe Feuerwehr-Dienstvorschriften): Umsetzung der Einsatzgrundsätze der Einsatzart Anleiterbereitschaft mit Hubrettungsfahrzeugen, korrekte Positionierung des Hubrettungsfahrzeuges, Beachtung der HAUS-Regel.
- Führungsausbildung ab Gruppenführer: Einsatzgrundsätze der Anleiterbereitschaft, Berücksichtigung der Maßnahme im Führungsvorgang. Planung und Kommunikation zur Einsatzleitung.

4 Einsatzstellenorganisation

Mit dem Eintreffen an einem Einsatzort beginnt eine unterschiedlich ausgeprägte, hinlänglich bekannte »Chaosphase«, die ein zeitnahes und notwendiges Intervenieren erschweren kann, daher gilt es diese Zeitdauer so gering wie möglich zu halten. Die Einleitung prioritätenorientierter Einsatzmaßnahmen wird durch eine strukturierte Organisation der Einsatzstelle erleichtert. Diese beinhaltet im Rahmen einer planerischen Einsatzvorbereitung u. a. die Erstellung einer Alarm- und Ausrückeordnung, ein Funkkonzept oder eine besondere Aufbauorganisation. Während eines laufenden Einsatzes kann eine Erweiterung oder Anpassung vorgeplanter Elemente erfolgen. Durch eine effiziente Führungs- und Kommunikationsstruktur, einer geordneten Kräftezuführung und einer bedarfsorientierten, modularen Raumordnung können Kommunikationsdefizite, Gefährdungen und gegenseitige Behinderungen vermieden werden. Jede Einsatzkraft kann maßgeblich den Einsatzaufbau und -verlauf beeinflussen, positiv wie auch negativ. So trägt schon das Abstellen eines Einsatzfahrzeuges dazu bei, ob ein weiterer Einsatzaufbau problemlos vorgenommen werden kann oder ob ein unbedacht abgestelltes Fahrzeug mit einem einhergehenden Zeitverlust zunächst versetzt werden muss. Die Einhaltung von Hierarchien und eine konsequente Funkdisziplin können Informationsverluste verhindern helfen. Eine frühzeitige Bestimmung und Kommunikation von Wartezonen und Bereitstellungsräumen ermöglicht das bedarfsgerechte Beschicken der Einsatzstelle. Eine transparente Beschreibung relevanter Orientierungspunkte vereinheitlicht und vereinfacht das Zurechtfinden an einer Einsatzstelle. Verzögerungen und Kommunikationsdefizite können so erfolgreich vermieden werden (▶ Kapitel 4.3). Je nach Art und Umfang ist ein nachträgliches Korrigieren flüchtig getroffener oder fehlender Entscheidungen teilweise sehr aufwendig und zeitintensiv.

Anmerkung: Die in einer Alarm- und Ausrückeordnung festgelegten Fahrzeuge müssen mit einer passenden qualitativen und quantitativen Besatzung ausrücken. Es stellt insgesamt keinen Zeitvorteil dar, wenn z. B. ein erstausrückendes Löschfahrzeug mit mehreren ausgebildeten Maschinisten für Hubrettungsfahrzeuge besetzt ausrückt und sich dadurch die Ausfahrt einer Drehleiter oder einer Hubarbeitsbühne verzögert, wenn erst ein weiteres Eintreffen geeigneter Maschinisten abgewartet werden muss. Ziel muss eine primär bedarfsgerechte Besetzung der Fahrzeuge sein. Um dies sicherzustellen, kann eine zentrale Sammelstelle im Feuerwehrhaus eingerichtet werden. Von dort aus teilt eine Führungskraft die anwesenden Feuerwehrangehörigen den auszurückenden Fahrzeugen zu. Somit wird erreicht, dass eine qualifizierte Besatzung das jeweilige Einsatzfahrzeug besetzen kann. Die zunächst wahrgenommene Verzögerung des Ausrückens kehrt sich durch den Verzicht auf ein Durchtauschen von Funktionen an einer laufenden Einsatzstelle positiv um.

Hinweis:

Ein Durchtauschen von Funktionen an einer Einsatzstelle sollte vermieden werden.

4.1   Räumliche Strukturierung

Die Arbeitsräume an Einsatzstellen müssen in der Regel spontan gestaltet werden. Sie werden beeinflusst durch vorgegebene bauliche Strukturen und individuelle Faktoren wie geparkte Fahrzeuge, Baustellen, objektspezifische Vorgaben, witterungstechnische Einflüsse usw. Die räumliche Strukturierung einer Einsatzstelle ist von großer Bedeutung, um einen effektiven Einsatzaufbau sicherstellen zu können und erfordert eine solide Organisation und Kommunikation. Im Fokus der Raumplanung stehen das primäre, prioritätenorientierte Positionieren von Fahrzeugen und Gerätschaften, die Reduktion von Gefährdungen für die Einsatzkräfte und eingesetztes Gerät. Jederzeit muss die Möglichkeit bestehen, Anpassungen des Aufstellraumes bei bedeutenden Lageentwicklungen vornehmen zu können. Die räumliche Strukturierung ist ein dynamischer Prozess, der laufender Überwachung bedarf, um ein Anrücken und Einbringen zusätzlicher Fahrzeuge aber auch das Verlassen der Einsatzbereiche zu gewährleisten. Räumlich ausgedehnte Einsatzstellen erlauben eine großzügigere Strukturierung als Sackgassen oder anderweitig beschränkte Flächen. Diese Umstände gilt es idealerweise bereits während der Anfahrt zu erarbeiten, um die Leistungsfähigkeit des zur Verfügung stehenden Raumes bewerten zu können. Der Einsatzleiter kann eine planungstechnische Grobeinteilung des Raumes in eine rote (direkt erforderlich), gelbe (zeitnah erforderlich) und grüne Zone (Bereitstellung) vornehmen. Diese organisatorische Mehrplanung kann helfen, den notwendigen Fahrzeug- und Materialbedarf passend zu lenken. Entsprechende Bereitstellungs- und Warteräume sind klar zu benennen und zu kommunizieren, ggf. kann es erforderlich sein, einheitliche Anfahrtsrichtungen vorzugeben, um eine Überlastung von Verkehrswegen zu verhindern. Die planerischen Bemühungen können nur erfolgreich sein, wenn sie von allen Beteiligten konsequent beachtet und diszipliniert umgesetzt werden. Witterungstechnische Besonderheiten können unter Umständen zunächst die Ergreifung vorbereitender Maßnahmen erforderlich machen, bevor Fahrzeuge in Stellung gebracht werden können (zum Beispiel eine Räumung benötigter Flächen von Schnee und Eis). Im Einsatzverlauf können dynamische Lageänderungen eintreten. Um adäquat und vollumfänglich darauf reagieren zu können, kann es hilfreich sein, für direkt im Gefahrenbereich befindliche Fahrzeuge potenzielle Fluchtwege zu schaffen und auf deren Freihaltung über den gesamten Einsatzverlauf zu achten. Besondere Gefahrenstellen, beispielsweise Trümmerschatten, Fallbereiche von Bauteilen etc. sind gesondert zu kennzeichnen und abzusperren.

Bild 6:   *Das frühzeitige Freiräumen von Eis und Schnee und das konsequente Freihalten des Fahrweges und der Stellplätze von Schlauchmaterial, Fahrzeugen o. ä., ermöglicht hier eine verzögerungsfreie Anfahrt eines Hubrettungsfahrzeuges zum Einsatzobjekt. (Quelle: Feuerwehr Bubikon)*

Bild 7:   *Problemlos positionierte Drehleiter durch eine erfolgreiche räumliche Strukturierung der Einsatzstelle (Quelle: Kantonspolizei Zürich)*

4.1.1 Material- und Gerätemanagement

Weiterer wichtiger Bestandteil einer geplanten räumlichen Struktur einer Einsatzstelle ist ein platzsparendes und optimiertes Material- und Gerätemanagement, um Störfaktoren durch verstellte Flächen zu minimieren. Ziel ist eine verzögerungsfreie An- bzw. Abfahrt von Einsatzfahrzeugen und Anpassung weiterer Einsatzmaßnahmen jederzeit gewährleisten zu können. Unbedacht verlegte Schlauchleitungen, spontan abgestellte Einsatzgerätschaften oder unpassende Fahrzeugaufstellungen blockieren Verkehrs- und Bewegungsflächen. Im weiteren Verlauf kann dies zu massiven Verzögerungen führen, wenn selbst geschaffene Hindernisse umfahren oder zunächst beiseite geräumt werden müssen. Durch das Überfahren von Schlauchleitungen können Schlauchplatzer auftreten, die zu einer Unterbrechung der Löschwasserversorgung führen können. Im Extremfall können dadurch aufgrund eines eintretenden Wassermangels weitere Gefährdungen für im Innenangriff tätige Einsatzkräfte entstehen. Daher muss sich das Ausbringen von Material, das in Stellung bringen von Fahrzeugen und Gerätschaften während eines Einsatzaufbaus an einem sinnvollen und bedachten Material- und Gerätemanagement orientieren. Nicht immer ist der kürzeste Weg oder die dichteste Annäherung tatsächlich zielführend. Zunächst eingesparte Zeit kann im weiteren Verlauf zu massiven Zeitverlusten führen, wenn eine Raumordnung umsortiert werden muss. Derartige Probleme sind vermeidbar, wenn beispielsweise Schlauchmaterial am Rand freier Verkehrsflächen verlegt wird, zentrale Materialdepots installiert werden und Fahrzeuge konsequent zugewiesene Bereitstellungsflächen einnehmen. Auf diese Weise kann jede Einsatzkraft positiv zum Einsatzerfolg beitragen.

Bild 8:   *Räumlich klar gegliederte Struktur an einer Einsatzstelle mit einem sinnvollen Material- und Gerätemanagement (Quelle: Feuerwehr Garching)*

Hinweis:

Um eine passende Fahrzeugaufstellung einnehmen zu können, kann es vorkommen, dass Insassen von Fremdfahrzeugen aufgefordert werden müssen, ihre Fahrzeuge umzulenken. Dabei müssen sie zielgerichtet, ruhig und genau eingewiesen werden, um Unfallgefahren durch Hektik, Unkenntnis o. ä. entgegenzuwirken. Dazu sollte eine stressfreie Kommunikation gewählt werden (»Fahren Sie bitte jetzt aber ruhig und sicher Ihr Fahrzeug da und da hin.« – »Ich bin Ihr Einweiser, achten Sie bitte nur auf meine Zeichen.«). Ohne eine Leitung durch Einsatzkräfte erhöht sich die Unfallgefahr durch nervöse Rangiertätigkeiten und kann im Extremfall zur Blockade einer Einsatzstelle führen.

4.1.2 Stellplatzplanung

Bei jedem Brandeinsatz muss mit den Auswirkungen von Wärmestrahlung, einer rasanten Brandausbreitung, Beeinträchtigungen durch Brandrauch oder dem Ein- und Absturz von Gebäudeteilen gerechnet werden. Aus diesem Grund darf die Auswahl eines Stellplatzes für ein Hubrettungsfahrzeug am Einsatzort nicht willkürlich erfolgen, die Sicherheit für die eingesetzten Kräfte und die Unversehrtheit des Fahrzeuges muss gewährleistet sein. Hilfestellung hierzu bietet die Berücksichtigung der Anforderungen und Grundsätze, die sich aus der Einsatz- und Anleiterart in Verbindung mit der HAUS-Regel und ggf. weiteren, besonderen taktischen oder topographischen Gegebenheiten ergeben. Ein gleichzeitiger Einsatz mehrerer Hubrettungsfahrzeuge an einem Brandobjekt ist bereits in der frühen Einsatzphase mitzubedenken, um gegenseitige Behinderungen, Gefährdungen oder fehlende Stellflächen zu verhindern. Insbesondere Sackgassen oder beengte Bereiche erfordern eine umsichtige Planung, da Veränderungen einer bestehenden Fahrzeugaufstellung nur unter einem sehr hohen Aufwand und unter einem großen Zeitverlust

Bild 9:   *Ein gleichzeitiger Einsatz mehrerer Hubrettungsfahrzeuge erfordert eine frühzeitige Planung und Koordination der einzelnen Stellplätze, Arbeitsbereiche, der Wasserversorgung sowie ausreichender Personalreserven. (Quelle: Michael Arning)*

realisierbar sind. Eine präzise Stellplatzplanung kann helfen Rangiertätigkeiten innerhalb einer Einsatzstelle zu reduzieren und möglicherweise daraus resultierende Zwischenfälle weitgehend zu vermeiden. Die konkrete Stellplatzplanung erfüllt somit auch Bestandteile der Unfallprävention. Immer wieder kommt es vor, dass an Einsatzstellen der ideale Stellplatz bereits durch andere Organisationen oder Einheiten blockiert ist. Eine entsprechende Ansprache über Funk an die anfahrenden Kräfte kann helfen derartige Blockaden zu vermeiden. Des Weiteren können Grundsätze der Aufstellung in einer örtlichen Standard-Einsatzregel definiert und wiederkehrend in die Aus- und Fortbildung integriert werden. Dabei sollten insbesondere auch benachbarte Feuerwehren und Organisationen ohne eigenes Hubrettungsfahrzeug mit einbezogen werden. Auf diese Weise lassen sich die Erfordernisse um benötigte Bewegungs- und Entwicklungsflächen sowie einem geeigneten Untergrund (▶ Kapitel 4.2) transparent transportieren.

Achtung:

Niveauunterschiede zum Brandobjekt beachten: Steht das Fahrzeug unterhalb eines Brandobjekts können beispielsweise plötzlich auslaufende brennbare oder brennende Flüssigkeiten die Besatzung gefährden und/oder das Fahrzeug stark beschädigen.

4.2   Untergrund

Ein ungeeigneter Untergrund kann die Standsicherheit eines Hubrettungsfahrzeuges gefährden; eine ausreichende Befestigung und Tragfähigkeit für das zu platzierende Fahrzeug muss gewährleistet sein. Vor dem Befahren einer angedachten Fläche muss daher eine genaue Erkundung und Bewertung erfolgen. Zur wirksamen Inaugenscheinnahme ist bei Dunkelheit auf eine ausreichende Beleuchtung zu achten. Im Herbst und Winter müssen verdeckte Bereiche von Laub, Eis oder Schnee befreit und ggf. abgestumpft werden, bevor die Abstützung platziert wird. Über den gesamten Einsatzverlauf sind regelmäßige Kontrollen der Standfläche vorzunehmen, um frühzeitig ein drohendes Einbrechen oder Einsacken zu erkennen und um geeignete Gegenmaßnahmen einleiten zu können. Insbesondere bei lang andauernden Brandbekämpfungsmaßnahmen kann durch große Löschmittelmengen ein Aufweichen des Untergrundes erfolgen.

Bei geneigten Standflächen bestehen herstellerseitig unterschiedliche Vorgaben und Grenzwerte, die jeweiligen Werte und Verhaltensweisen sind der entsprechenden Bedienungsanleitung zu entnehmen und zu beachten. Zum Ausgleich von Stufen, Bodenunebenheiten o. ä. können die vom Hersteller mitgelieferten Unterlegplatten in zugelassener Weise zum Ausgleich genutzt werden.

Exemplarische Herstellervorgaben für eine geeignete Standfläche eines Hubrettungsfahrzeuges:

Rosenbauer L32A XS:

- ausreichende Tragfähigkeit,
- maximale Schräge des Fahrzeuges 7°,
- maximale Schräge der Abstützteller 14°,
- ausreichende Haftreibung (z. B. kein nasses Kopfsteinpflaster, Flächen unter den einzelnen Abstützungen müssen schnee- und eisfrei sein),
- ausreichende Entfernung von Böschungen,
- ausreichender Abstand von Bodenhindernissen wie Kanaldeckeln,
- freier Arbeitsraum über der Drehleiter.

Magirus M32L-A, M32L-AT:

- fester Untergrund für Reifen und Stützteller notwendig,
- maximal zulässige Geländeneigung 10°,
- bei Geländeneigungen über 14° ist ein Leiterbetrieb nicht zulässig,
- Fahrzeug nur dann auf überbauten Raum, z. B. Tiefgaragen stellen, wenn die Aufstellfläche für die Feuerwehr gekennzeichnet ist oder die Tragfähigkeit auf andere Weise sichergestellt werden kann.

Wenn Fahrzeuge einsinken, ist das ein Anzeichen für eine ungeeignete Bodenbeschaffenheit. Dies kann vor allem bei unbefestigten Wegen und Banketten oder bei entstehenden Fahrspuren passieren. Auch starke Regenfälle oder Tauwetter können ursächlich für ein Einsinken eines Hubrettungsfahrzeuges sein.

Hinweis:

Durch den Einsatz eines Sicherheitsassistenten kann die Überwachungsfunktion der Abstütz- und Untergrundsituation unterstützt werden. (▶ Kapitel 5.8)

Bild 10: *Ein Beispiel für einen ungeeigneten Untergrund: Im Rahmen der Aus- und Fortbildung ist es hilfreich unterschiedliche Gegebenheiten in Augenschein zu nehmen, um eine sichere Auswahl geeigneter Flächen zu trainieren.*

4.2.1 Flächen für die Feuerwehr

Um die Ausbreitung eines Brandes rechtzeitig eindämmen zu können, zählen oft Minuten, daher müssen erforderliche Einsatzmaßnahmen zielgerichtet und zum richtigen Zeitpunkt vorgebracht werden. Jahreszeitliche Witterungsbedingungen, versperrte, zu schmale oder nicht ausreichend belastbare Fahrwege können eine Behinderung für einen Feuerwehreinsatz darstellen. In Abhängigkeit einer Gebäudeausdehnung, der Lage einer Brandstelle und zur Verfügung stehender Aufstellflächen lassen sich auch über ein Hubrettungsfahrzeug zeitnah effektive Löschmaßnahmen einleiten, bzw. effizient unterstützen (▶ Kapitel 7.3.2). Hubrettungsfahrzeuge benötigen einen ausreichend dimensionierten und tragfähigen Untergrund. An bestimmten Gebäuden existieren spezielle »Flächen für die Feuerwehr«, wenn sie besonders für die Rettung von Menschen und die Durchführung wirksamer Löscharbeiten notwendig sind. Unterschieden werden hierbei Zugänge, Zufahrten, Aufstellflächen und Bewegungsflächen. Je nach der Gebäudenutzung bzw. der Einteilung in eine entsprechende Gebäudeklasse müssen nach dem geltenden Baurecht in Verbindung mit der DIN 14090 vordefinierte Bereiche erstellt und gekennzeichnet werden. Dabei müssen besondere Vorgaben erfüllt sein. Neben der Einhaltung von Mindestmaßen muss u. a. auch eine ausreichende Belastbarkeit gegeben sein. Ausgelegt sind die Flächen für Fahrzeuge mit einer maximalen Gesamtmasse von 16 Tonnen und einer Achslast bis zu 10 Tonnen. Sie müssen jederzeit befahrbar sein, können jedoch mit Pfählen, Ketten, Schranken o. ä. versperrt werden, wenn sie mit den normalen Mitteln der Feuerwehr zu öffnen sind. Daher empfiehlt es sich auch Hubrettungsfahrzeuge mit entsprechenden Schließwerkzeugen auszustatten, insbesondere wenn lokale Sonderschließungen bestehen.

Bild 11:   *Eine nicht von Schnee und Eis befreite Feuerwehrzufahrt und -aufstellfläche kann zu massiven Verzögerungen von Einsatzmaßnahmen führen.*

Achtung:

Offizielle Feuerwehraufstellflächen entbinden nicht von einer Untergrundkontrolle. Im Laufe der Jahre unterliegen sie unterschiedlichen Veränderungen, die zu einer Beeinträchtigung ihrer Leistungsfähigkeit führen können.

Bild 12: *Eine nicht gewartete Feuerwehrzufahrt: Die Anfahrt zum Einsatzobjekt ist hier erschwert.*

4.3 Einsatzstellenorientierung

Dynamische Einsatzlagen erfordern eine schnelle Ermittlung relevanter Gefahrenschwerpunkte, um zeitnah notwendige Erstmaßnahmen zur Stabilisierung der Situation einleiten zu können. Problematisch für die Einsatzkräfte ist, dass sie sich in kürzester Zeit, oft in Verbindung mit einer unzureichenden Informationslage, ein Gesamtbild über die vorgefundene Lage machen müssen. Bei der Priorisierung, der Auftragsvergabe und Umsetzung sind planende und ausführende Einsatzkräfte daher enormen psychischen und physischen Belastungen ausgesetzt. Neben der Auswahl geeigneter Gefahrenabwehrmaßnahmen muss eine klare, räumliche Gliederung der Einsatzstelle erfolgen. Nur eine sinnvolle räumliche Aufteilung, einheitliche Bezeichnungen und eine deutliche Erkennbarkeit von Angriffs- und Rettungswegen, Zugängen, Gebäudeseiten, Einsatzabschnitten, Bereitstellungsräumen sowie eine transparente Kommunikationsstruktur ermöglichen allen Beteiligten eine schnelle Orientierung und vermeiden Zeitverzögerungen bei der Intervention.

Literatur-Tipp:

Jörg Thöne: Einsatzstellenorientierung, Verlag W. Kohlhammer, Stuttgart, 2017.

5 Gefahren, Sicherungs- und Präventionsmaßnahmen

Im Zuge der Gefahrenabwehr sind die Einsatzkräfte vielfältigen bereits vorhandenen, sich entwickelnden oder verändernden Gefahren und Risiken ausgesetzt. Deren Auswirkungen können die Gesundheit und körperliche Unversehrtheit, aufgrund verschiedener kurz- oder langfristiger Folgeerscheinungen, negativ beeinträchtigen. Daher nehmen Sicherungs- und Präventionsmaßnahmen einen hohen Stellenwert ein, um Zwischenfälle zu vermeiden bzw. die Folgen daraus abmildern zu können. Vorbeugende Schutzmaßnahmen können bereits im Vorfeld erstellt, benannt und beübt werden, um so eine hohe Akzeptanz und Handlungssicherheit erreichen zu können. Häufig ist ad hoc eine Maßnahmenanpassung an das jeweilige Einsatzgeschehen erforderlich, um ein Tätig werden, z. B. unter bestehendem Zeitdruck dennoch unter einem hohen Maß an Sicherheit durchführen zu können (▶ Kapitel 5.6.1). Wirkungsvolle Maßnahmen orientieren sich dabei an möglichen Entstehungsursachen von Gefahren und Unfällen. Sie setzen aber ebenso eine richtige Risikoeinschätzung, sowie eine disziplinierte Beachtung notwendiger Regeln, Vorgaben und Verhaltensweisen voraus. Um dies zu erreichen, ist eine inhaltlich abgestimmte Aus- und Fortbildung erforderlich. Sinnvolle Bausteine bilden hier Elemente der Allgemeinen Gefahrenlehre (AAAACEEEE), die darauf abzielt, die Fähigkeiten des einzelnen zur reellen Einschätzung von Gefahren, Gefahrenwirkungen und bedrohten Objekten zu schaffen und zu fördern. Der Fokus einer Schulung zur Ergreifung von Sicherungsmaßnahmen liegt auf der Schaffung einer sicheren Einsatzstelle. Das unbedarfte Betreten von Gefahrenbereichen muss verhindert und die Gefahreneinwirkungen von außen ausgesperrt werden. Die Vermittlung und das Wissen um vielfältige Präventionsmaßnahmen decken weite Teile des äußeren Rahmens ab, sie möchten u. a. erreichen, dass Gefahrenquellen direkt ausgeschaltet werden. Dies wird in der Regel durch technisch/organisatorische Maßnahmen erreicht, berührt aber auch Bereiche der Beschaffung und Unterhaltung von Einsatzmitteln, der körperlich/geistigen Eignung von Einsatzkräften sowie vielfältiger weiterer Maßnahmen.

> **Präventionsmaßnahmen beinhalten dabei insbesondere Gebiete:**
>
> - der Sicherheitstechnik, z. B. durch Maschinenschutz, regelmäßige Kontrolle/Prüfung der Ausrüstung etc.
> - der Arbeitsmedizin, z. B. durch arbeitsmedizinische Vorsorge, Beispiel G26.
> - der Hygiene, z. B. durch sichere Einsatzstellenhygiene, Nachbereitung des Materials.
> - der Arbeitswissenschaft (Ergonomie), z. B. durch geeignete Gestaltung der Arbeitsmittel.
> - der Arbeitsorganisation, z. B. durch Regelung der Arbeitsabläufe, Standard-Einsatzregeln etc.

Derartige objektive Schutzmaßnahmen werden durch individuelle Schutzmaßnahmen, u. a. den Einsatz von Persönlichen Schutzausrüstungen ergänzt. Bei Maßnahmen zur Brandbekämpfung unter Einbindung eines Hubrettungsfahrzeuges gehen die Betrachtungen über die allgemeinen Gefahren hinaus; teilweise bestehen besondere Gefährdungen für die Mannschaft und das Gerät. Daher sind fundierte Kenntnisse für eine sichere Verwendung und über notwendige Verhaltensregeln bei dem Löscheinsatz über ein Hubrettungsfahrzeug erforderlich. Die Bedienmannschaften sind explizit auf die Einhaltungen der Vorgaben aus den Betriebsanleitungen hinzuweisen.

Die folgenden Punkte fassen exemplarisch und herstellerübergreifend einige übliche Gefahren, Hinweise und Maßnahmen beim Betreiben eines Wasserwerfers oder eines handgeführten Strahlrohres aus dem Korb eines Hubrettungsfahrzeuges zusammen:

- Bei Annäherung oder dem Betreten eines Brandobjektes können parallel noch weitere Gefahren auf die Einsatzkräfte und Fahrzeuge einwirken.
- Bei der Verwendung des Hubrettungsfahrzeuges als Alternativer Angriffsweg können Auswirkungen einer rasanten Brandausbreitung, eine massive Wärmestrahlung oder der Ein- und Absturz von Bauteilen negative Auswirkungen mit sich bringen.
- Auf die Einhaltung anerkannter Regeln beim Vorgehen zur Brandbekämpfung und dem vollständigen Anlegen geeigneter Schutzkleidung ist zu achten.
- Mit dem Verlust der Standsicherheit durch dynamische Kräfte oder einem aufgeweichten Untergrund beim Einsatz eines Werfers oder eines Handstrahlrohrs muss gerechnet werden.

- Abstützsituation und Untergrund muss laufend beobachtet und ggf. angepasst werden.
- Bei drohendem Verlust der Standsicherheit laufende Tätigkeiten sofort einstellen.
- Auf Quetschgefahr beim Aufbauen der Löscheinrichtungen achten.
- Die hohen Drücke eines Wasserstrahls können schwere Verletzungen oder Schäden verursachen.
- Wasserwerfer/handgeführtes Strahlrohr nicht betreiben, wenn sich Personen oder Hindernisse im Arbeitsbereich aufhalten.
- Wasserstrahl nie direkt auf Personen richten.
- Druckstöße und Druckschwankungen vermeiden – dazu die Pumpendrehzahl nur langsam und in kleinen Schritten ändern.
- Absperrorgane am Druckabgang oder Strahlrohr nur langsam öffnen oder schließen.
- Maximal zulässigen Pumpenausgangsdruck beachten.
- Blindkupplungen nur in drucklosem Zustand von den Druckabgängen abnehmen.
- Während des Pumpenbetriebs sicherstellen, dass jederzeit der Druck reduziert oder die Pumpe ausgeschaltet werden kann.
- Schläuche immer im Leitersatz verlegen, die Schlauchleitung darf nicht herunterhängen.
- Nach jedem Einsatz Löschanlage sorgfältig entwässern, Umgebungsgefährdungen verhindern, insbesondere im Winter.
- Eisbildung durch Wassernebel am Korb und Ausleger beachten.
- Betriebsanleitung des Monitors, der Feuerlöschkreiselpumpe und weiterer Gerätschaften lesen und beachten.
- Laufende Kontrollen bei einem automatisierten Einsatz des Wasserwerfers ohne Bedienpersonal im Korb, um Beschädigungen durch Feuer und Wärmestrahlung vorzubeugen.
- Nach einem Einsatz Werfer vom Korb abbauen oder bei einem technisch möglichen Verbleib am Korb, diesen in Grundstellung bringen, um Schäden vorzubeugen.
- Zusätzliche Belastung des freistehenden Hubrettungsfahrzeuges durch das Schlauchgewicht, der Wassersäule und der Rückdruckkräfte der Wasserwerfer oder Strahlrohre beachten.
- Es bestehen mögliche Einschränkungen der Hersteller bezüglich des maximalen Aufrichtwinkels und der zulässigen Leiterlänge.

- Maximale Belastung im Korb beachten: Jede Korbgrenze um eine Person reduzieren.
- Durch Reaktionskräfte beim Einsatz eines Werfers oder eines Handstrahlrohrs kann der Leitersatz in Schwingungen geraten.

5.1   Brandfolgeerscheinungen

Über die von einem unkontrollierten, nicht bestimmungsgemäßen Brand ausgehenden Gefahrenwirkungen hinaus, können auch vielfältige Brandfolgeerscheinungen entstehen, die einen direkten oder indirekten Einfluss auf Personen und die Umgebung haben können. Gegebenenfalls ist ein angepasstes taktisch/technisches Vorgehen erforderlich. Beispielsweise gefährdet der bei einem Feuer entstehende Brandrauch direkt als Atemgift die Gesundheit eingesetzter Einsatzkräfte aber auch noch indirekt, wenn im Nachgang kontaminierte Einsatzkleidung und Gerätschaften in unzweckmäßiger Weise transportiert und nachbearbeitetet werden. Ein fehlendes Reglement kann dabei das Ergreifen unsicherer Handlungen begünstigen, während hingegen eine bestehende, klare Regelung direkt ein Agieren unter einem vorgeplanten, hohen Maß an Sicherheit ermöglicht. Brandfolgeerscheinungen verfügen teils über eine nur geringe Wirkungskraft, können aber auch einen weitreichenden Einfluss auf den Gesamtverlauf eines Einsatzes nehmen und differenzierte Handlungen, Anweisungen und Ausführungen erforderlich machen. Eine Bewertung möglicher Folgeerscheinungen und deren zu erwartender Umfang erfolgt anhand der Betrachtung des bestehenden Ereignisses in Verbindung mit erlangten Informationen und Hinweisen. Beispielsweise beeinflussen die Art eines brennbaren Stoffs, die Menge des Brandguts, die Branddauer und die -ausdehnung aber auch örtliche, zeitliche und witterungstechnische Faktoren das Entstehen und die Einflusskraft von Brandfolgeerscheinungen. Eine rechtzeitige und folgerichtige Einschätzung möglicher Begleiterscheinungen begünstigen die Einleitung und Einhaltung geeigneter präventiver oder notwendiger Maßnahmen. Schutzmaßnahmen vor weiteren Auswirkungen von Brandfolgeerscheinungen können sein:

- konsequentes Anlegen grundlegender und erweiterter Persönlicher Schutzausrüstung,
- präventive Vorkehrungen (Herstellung des Brandschutzes bei starkem Funkenflug, Umpositionierung von Fahrzeugen und Material bei starker Wärmestrahlung),
- Anforderung und Vorhaltung notwendiger Dekontaminations-Einheiten für Verletzte, Gerätschaften und Personal,

- Einhaltung einer Einsatzstellenhygiene.

5.2   Lageentwicklungen

Ein Brandgeschehen ist ein dynamisches Ereignis und unterliegt laufenden Veränderungsprozessen, die eine jederzeitige Umgestaltung oder Verlagerung der Lage herbeiführen bzw. neue Gefahrenschwerpunkte entstehen lassen können. Das frühzeitige Erkennen und Wahrnehmen bevorstehender Veränderungen ist für einen Einsatzerfolg und die Sicherheit eingesetzter Kräfte unabdingbar. Die Zusammenwirkung einer permanenten Beobachtung des Einsatzgeschehens, die laufende Kontrolle eingeleiteter Einsatzmaßnahmen auf ihre Wirksamkeit und die Bewertung denkbarer Einsatzverlaufsformen ermöglichen bei Bedarf ein angepasstes Reagieren. Vielfältige Kenntnisse darüber, welche Faktoren eine Lageänderung beeinflussen können, erleichtern eine vorausschauende Betrachtung möglicher Gefahren und deren Folgeerscheinungen. Eine Brandausweitung auf bisher unversehrte Bereiche kann durch bauliche oder betriebliche Mängel begünstigt werden. Mit zunehmender Dauer einer Brandeinwirkung nimmt die Wahrscheinlichkeit eines Versagens von Bauteilen zu; Feuer und Rauch können in weitere Bereiche eindringen oder einen Ein- und Absturz von Gebäudeteilen zur Folge haben. Die Eigenschaften des Brandguts sind ebenso zu berücksichtigen. Sie können plötzlich und großflächig in Brand geraten oder sich mit Löschwasser vollsaugen und die Statik eines Gebäudes beeinträchtigen. Von besonderer Relevanz sind rasante Lageentwicklungen, deren Auswirkungen schlagartig und umfassend sein können. Unter Umständen muss ein unmittelbarer Rückzug von Einsatzkräften und -mitteln erfolgen. Im Rahmen einer Einsatzstellenorganisation (▶ Kapitel 4) vorgeplante Rückzugswege unterstützen im Gefahrenfall ein schnelles Entfernen aus entsprechenden Bereichen.

Achtung:

Werden Brandbekämpfungsmaßnahmen über personell unbesetzte Körbe durchgeführt, steigt aufgrund eines fehlenden Indikators die Gefahr, dass Beschädigungen durch eine zu große Annäherung, zunehmende Wärmestrahlung oder eine direkte Flammeneinwirkung unbemerkt bleiben. Daher sollte diese Verwendungsform genau beurteilt und engmaschig überwacht werden.

Bild 13:   *Beschädigte Drehleiter durch rasante Brandausbreitung (Quelle: Feuerwehr Rotenburg)*

5.2.1 Rauchgasdurchzündung

Ein fortgeschrittenes Brandereignis kann die Entstehung einer Rauchgasdurchzündung, das plötzliche Durchzünden und Abbrennen so genannter Pyrolysegase, begünstigen. In der Entstehung eines Brandes brennen zunächst nur einzelne Gegenstände, Möbel oder Einbauten. Besteht der Brand über die Entstehungsphase hinaus weiter, kommt es zur thermischen Aufbereitung weiterer Bestandteile der Umgebung, in dessen Folge leicht brennbare Bestandteile oder brennbare Stoffe ausgasen und sich mit der Rauchschicht unter einer Raumdecke ansammeln, wenn keine ausreichende Abfuhr der Rauchgase erfolgt. Die ausgehende Wärmestrahlung aus der Rauchschicht heizt wiederum die Umgebung auf, die Temperatur im gesamten Brandraum steigt massiv an. Bei einer Rauchgastemperatur von 500–600 °C zündet die Rauchschicht schlagartig durch und führt durch eine hohe Flammenausbreitungsgeschwindigkeit zu einem Vollbrandgeschehen. Die Durchzündung der Pyrolysegase innerhalb des Brandrauches geht mit einem Druckanstieg innerhalb des Brandraums einher und kann beispielsweise noch intakte Verglasungen zerstören. Erfolgen Maßnahmen zu Brandbekämpfung über ein Hubrettungsfahrzeug, bestehen, je nach Einsatzphase und Position des Fahrzeuges bzw. des Korbes/Auslegers, verschiedene Gefahrenmomente, die sich auf die Besatzung, das Material und das Fahrzeug auswirken können.

Beispielhafte Gefahren durch eine Rauchgasdurchzündung beim Einsatz eines Hubrettungsfahrzeuges:

- Platzende Verglasungen können Scherben horizontal in Richtung der Einsatzkräfte schleudern.
- Große Glasstücke können herabfallen.
- Gefahr einer direkten Flammeneinwirkung auf die Korbbesatzung, Korb und Ausleger.
- Schäden können durch Einwirkung der Wärmestrahlung auf den Korb/Ausleger entstehen.
- Beschädigung der Löschwasserversorgung durch herabfallende Elemente.

Wann mit dem Eintreten einer Rauchgasdurchzündung gerechnet werden muss, ist nicht immer leicht abzuschätzen.

Allgemeine Hinweise auf eine mögliche Rauchgasdurchzündung:

- typische Rauchentwicklung aus vorhandenen Öffnungen,
- schnell verändernde Rauchentwicklung,
- Rauch wird dunkler, dynamische und schnelle Rauchentwicklung,
- Turbulenzen (der Rauch bildet Wirbel an der Austrittsöffnung),
- häufig entstehender Lokomotiv-/Dralleffekt (pulsierender Rauch ähnlich einer Lokomotive).

Hinweis:

Bei einem Dachstuhlbrand ohne Öffnungen in der Dachfläche erfolgt eine Entweichung des Brandrauches über die Zwischenräume der Dachziegel oder sonstigen Ritzen. Hierbei ist häufig zu beobachten, dass der Rauch nicht dunkel, sondern eher bräunlich/gelblich gefärbt ist.

5.3   Einsturz und Absturz von Gebäudeteilen

In Abhängigkeit der Brandursache, des Brandobjekts, des Brandguts und der Branddauer muss ggf. mit einem Ein- oder Absturz von Gebäudeteilen gerechnet werden. Fundierte Kenntnisse im Bereich der Baukunde, dem Brandverhalten von Baustoffen und ggf. die Heranziehung eines Fachberaters können helfen, die Möglichkeit eines Absturzes oder Teileinsturzes realistisch beurteilen zu können. Ein in der räumlichen Strukturierung der Einsatzstelle frühzeitig definierter und konsequent abgesperrter Trümmerschatten, die Kenntlichmachung nicht zu betretener Bereiche und die Information aller Einsatzkräfte über besondere Gefahrenstellen helfen, die Auswirkungen bei einem Versagen von Bauteilen zu minimieren. Unter Umständen ist der Einsatz besonderer Beobachtungsposten sinnvoll, um zusätzlich die Sicherheit für alle Beteiligten, bei rechtzeitiger Warnung, erhöhen zu können. Besonders hilfreich kann die Verwendung eines internen (andersfarbigen) Absperrbandes sein, um tatsächlich alle Einsatzkräfte auf einen bevorstehenden Ein- oder Absturz zu sensibilisieren und ein Betreten zu vermeiden.

5.4   Ort, Zeit und Wetter

Vorgegebene Bedingungen, die sich aus der Einsatzörtlichkeit selbst, der Uhrzeit und den herrschenden Wetterverhältnissen ergeben, lassen sich nicht durch Maßnahmen der Feuerwehr ändern. Bei der Einsatzplanung sind jedoch besondere Einflussfaktoren, die sich aus der Nutzung eines Gebäudes in Anbetracht des Zeitpunkts und den aktuellen Witterungsbedingungen ergeben können, zu bewerten. Eine nicht erfolgte Berücksichtigung relevanter Faktoren kann u. U. einen Einsatzverlauf negativ beeinflussen.

Einsatzort

Die taktische Einsatzplanung und räumliche Strukturierung der Einsatzstelle wird durch das Einsatzobjekt selbst, aufgrund seiner Struktur und der unmittelbaren Umgebung, mit beeinflusst. Vorgeplante Flächen für die Feuerwehr, intakte Brandschutzvorkehrungen und erprobte, organisatorische Abläufe können helfen, Einsatzmaßnahmen schnell und effektiv vorbringen zu können. Objektspezifische Besonderheiten, die Art und Nutzung, verschiedene Untergrundsituationen, enge Platzverhältnisse, überlastete Verkehrswege oder Baustellen können hingegen einen Einsatzaufbau erschweren. Die frühzeitige und umfassende Informationsgewinnung

(Einsatzpläne, Luftbilder, Baustellenanzeigen, Straßensperrungen…) ermöglicht ein besser organisiertes Vorgehen.

Uhrzeit

Je nach Gebäudeart und -nutzung muss eher tagsüber oder während der Nachtstunden mit größeren Personenansammlungen, vielen geparkten Fahrzeugen, starken Verkehrsflüssen, einem verzögerten Zugang o. ä. gerechnet werden. Die Anfahrt zur Einsatzstelle und die Positionierung eines Hubrettungsfahrzeuges kann länger dauern, wenn Behinderungen aufgrund eines herrschenden Berufsverkehrs oder verstellte Wege durch falsch geparkte Fahrzeuge bestehen. Ebenso kann die Untersuchung eines geeigneten Untergrundes für eine Drehleiter oder eine Hubarbeitsbühne erschwert sein, da schlechte Lichtverhältnisse einen erhöhten Aufwand mit sich ziehen können. Die frühzeitige Anpassung des Kräfteansatzes, eine Organisation des Raumes und Informationen für alle Einsatzkräfte können helfen, zeitbedingte Besonderheiten positiv zu beeinflussen. Um Gefahrenstellen und Hindernisse an der Einsatzstelle sicher erkennen zu können, muss früh eine umfassende, blendfreie Ausleuchtung der Arbeitsbereiche vorbereitet werden, wenn die Tageszeit fortschreitet oder die zu Beginn herrschende Helligkeit aufgrund eines voll entwickelten Brandes in der Nacht durch Löschmaßnahmen abnimmt.

Einflüsse durch das Wetter

Witterungstechnische Einflüsse können teilweise deutlich auf den Einsatz von Hubrettungsfahrzeugen einwirken und ggf. ein sofortiges Reagieren erfordern. Immer sollte auf Wetterveränderungen geachtet werden, um rechtzeitig entsprechende Gegenmaßnahmen einleiten zu können. Die Auseinandersetzung mit verschiedenen Wetterphänomenen erlaubt eine Bewertung drohender Gefahren und deren Auswirkungen auf die Besatzung, das Fahrzeug und den Einsatzverlauf. Der Fahrzeugführer eines Hubrettungsfahrzeuges führt idealerweise eine gesonderte, dynamische Gefährdungsbeurteilung »Wetter« bei extremen Verhältnissen durch, um die Anpassung oder Einstellung von Maßnahmen vorzunehmen (▶ Kapitel 7.8).

5.5   Strom-/Sendeanlagen

Stromquellen und sendetechnische Anlagen können teilweise über enorme Leistungen verfügen und besondere Gefahren für Einsatzkräfte bei einer zu dichten Annäherung mit sich bringen. Die Auswirkungen eines Stromschlages durch direkte Berührung oder einem Lichtbogen können von schwersten Verletzungen bis hin zum

Tod reichen (▶ Anhang 1 Wirkung von elektrischem Strom auf den menschlichen Körper). Die Wirkung elektromagnetischer Felder, beispielsweise die des Mobilfunknetzes, werden seit vielen Jahren untersucht und beobachtet. Starke Strahlenquellen verursachen Wechselwirkungen im menschlichen Körper, u. U. mit zu erwartenden Langzeitfolgen. Durch das Kennen und Einhalten einsatzspezifischer Besonderheiten können bestehende Risiken um ein Vielfaches reduziert werden.

5.5.1 Einsätze im Bereich spannungsführender Elemente

Strommasten, stromführende Bauteile und andere Stromquellen sind allgegenwärtig in unserer Gesellschaft. Einsatzbedingt kann es zu einer engen Annäherung an derartige Bau- und Anlagenteile kommen. Unterschiedliche, nicht immer zu erkennende Spannungsstärken, fehlende Warnzeichen, unbekannte Betriebsabläufe oder Beschädigungen an stromführenden Elementen können große Herausforderungen an die Erkennbarkeit von Gefahrenpunkten stellen. Erfordern Brandbekämpfungsmaßnahmen die Annäherung an elektrische Anlagen und Bauteile, sind Maßnahmen zu treffen, die verhindern, dass Einsatzkräfte durch elektrischen Strom gefährdet werden. Der wirksamste Schutz ist die Herstellung der Spannungsfreiheit und die Sicherung gegen ein unbeabsichtigtes Wiedereinschalten. Ist ein Freischalten nicht möglich oder aufgrund weiterer Umstände nicht durchführbar, müssen bei Annäherung an elektrische Anlagen und beim Löschmitteleinsatz Sicherheitsabstände eingehalten werden. Geeignete Löschmittel nach DIN VDE 0132 für die Brandbekämpfung in der Elektrotechnik müssen beachtet werden. Das Löschmittel Wasser sollte möglichst nur mit Sprühstrahl eingesetzt werden. Detaillierte Gefahrenhinweise und Einsatzbeschränkungen für den Einsatz der Löschmittel Wasser, Schaum, Pulver und Kohlendioxid nennt die DIN-Norm.

Bild 14: *Gefahren durch elektrischen Strom! Eine Gefährdung kann durch eine zu große Annäherung oder dem Versagen tragender, stromführender Bauteile während des Einsatzes auftreten. (Quelle: Oskar Eyb)*

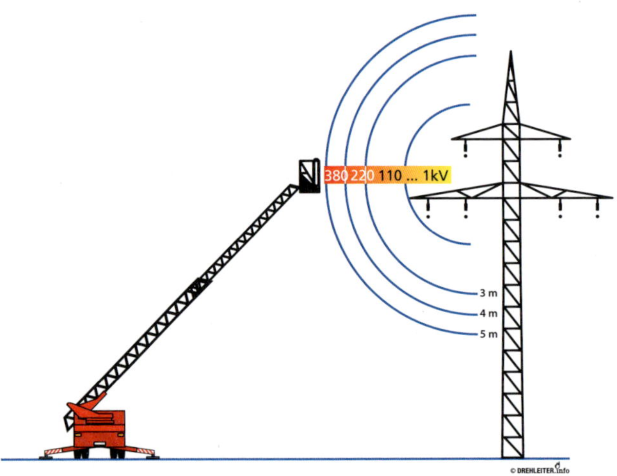

Bild 15: *Allgemeine Sicherheitsabstände zu stromführenden Bau- und Anlagenteilen (Quelle: DREHLEITER.info)*

Tabelle 3: *Geeignete Löschmittel bei Bränden in elektrischen Anlagen nach DIN VDE 0132*

Löschmittel	Hinweise aus der DIN VDE 0132
Wasser	Empfehlung der Norm: ■ Nur mit Sprühstrahl löschen. ■ Netzmittel oder andere Bestandteile, die die Strahleigenschaft des Wassers beeinflussen, sind nur zulässig, wenn die geltenden Mindestabstände zwischen dem Strahlrohr und der brennenden elektrischen Anlage (Strahlrohrabstände) eingehalten werden.
Schaum	Bei Niederspannung: ■ Schaum darf nur bei spannungsfrei geschalteten Anlagen genutzt werden. ■ Ausnahme: Typgeprüfte und zur Elektrotechnik zugelassene Löschgeräte dürfen auch bei nicht spannungsfreien Anlagen genutzt werden. ■ Der Anlagenbetreiber muss angrenzende Anlagen u. U. erst spannungsfrei schalten. Bei Hochspannung: ■ Schaum darf nur bei spannungsfrei geschalteten Anlagen genutzt werden. → keine Ausnahmeregelung! ■ Der Anlagenbetreiber muss ggf. angrenzende Anlagen zuvor spannungsfrei schalten.
Pulver	Löschpulver nur in Absprache mit dem Anlagenbetreiber verwenden. Temperatur, Luftfeuchtigkeit und Nässe können dafür sorgen, dass Beläge des Pulvers leitfähig werden. → Dadurch aufkommende Störlichtbögen sorgen möglicherweise für Lebensgefahr!
Kohlenstoffdioxid	Kohlenstoffdioxid leitet nicht und lässt keine Rückstände. ■ Einsatz ist unbedenklich bei Anlagen, die unter Spannung stehen. ■ Gefahrenhinweise auf den Löschgeräten berücksichtigen. ■ In Außenräumen geringere Wirksamkeit, da sich Kohlenstoffdioxid verflüchtigt. ■ In kleinen, nicht ausreichend belüfteten Räumen, besteht jedoch Lebensgefahr mit Kohlenstoffdioxid als Löschmittel.

DIN VDE 0132 Brandbekämpfung im Bereich elektrischer Anlagen

Sicherheitsabstände bei Mehrzweck-Strahlrohren nach DIN EN 15182 Löschmittel Wasser

Tabelle 4: *Abstandsregeln nach DIN VDE 0132 zwischen der Löschmittel-Austritts-öffnung und unter Spannung stehenden Anlagenteilen. Einsatzkräfte sollen so vor gefährlicher Stromeinwirkung geschützt werden.*

CM-Strahlrohr – Abstände bei unbekannter Spannung

Abstand bei	Niederspannung	Hochspannung
Sprühstrahl	1 m	5 m
Vollstrahl	5 m	10 m

CM-Strahlrohr – Abstände bei bekannter Spannung

	bis 1 kV	bis 30 kV	bis 110 kV	bis 220 kV	bis 380 kV
Sprühstrahl	1 m	3 m	3 m	4 m	5 m
Vollstrahl	5 m	5 m	6 m	7 m	8 m

BM-Strahlrohr – Abstände bei bekannter Spannung

	bis 1 kV	bis 30 kV	bis 110 kV	bis 220 kV	bis 380 kV
Sprühstrahl mit Mundstück	6 m	8 m	8 m	9 m	10 m
Sprühstrahl ohne Mundstück	10 m	10 m	11 m	12 m	13 m
Vollstrahl mit Mundstück	11 m	13 m	13 m	14 m	15 m
Vollstrahl ohne Mundstück	15 m	15 m	16 m	17 m	18 m

Bei anderen Strahlrohren auf den Herstellernachweis achten und die Bedienungs-anleitung befolgen.

Um den erforderlichen Schutzabstand festlegen zu können, muss die vorherrschende Spannung sicher zu ermitteln sein. Im Zweifelsfall großzügigen Abstand einhalten, etabliert haben sich hier mindestens fünf Meter.

> **Allgemeine Gefahren bei Einsätzen im Bereich elektrischer Anlagen:**
>
> - direktes Berühren spannungsführender Anlagenteile oder elektrischer Freileitungen,
> - Berühren elektrischer Anlagenteile, die aufgrund einer Schadenseinwirkung unter Spannung stehen, beispielsweise beschädigte Isolierungen,
> - Berühren von Teilen, auf die durch Schadenseinwirkung elektrische Spannung übertragen wird, z. B. auf Dachrinnen und Metallzäunen, insbesondere bei Nässe,
> - Stromüberschlag bei unzulässiger Annäherung an elektrische Anlagen,
> - Sekundärunfälle durch Stürze aufgrund eines Kontaktes mit einer Stromquelle.

Bei einem Wenderohreinsatz oder dem Einsatz eines handgeführten Strahlrohres aus dem Korb eines Hubrettungsfahrzeuges heraus können besondere Gefahren durch elektrischen Strom entstehen. Die Hersteller benennen in ihren Bedienungsanleitungen entsprechende Gefahren und Verhaltensregeln.

> **Exemplarische Herstellerangaben:**
>
> - Lebensgefahr durch Stromüberschlag bei unsachgemäßem Löschmitteleinsatz!
> - Wasserstrahl nicht in die Nähe oder auf elektrische Anlagen oder Leitungen richten.
> - Elektrische Anlagen im Wirkbereich spannungsfrei machen lassen. Ist dies nicht möglich: Löschen mit Wasser mit ausreichendem Sicherheitsabstand.
> - Bei elektrischen Anlagen oder Leitungen keinen Löschschaum einsetzen.
> - Länderspezifische Vorschriften und Richtlinien zur Brandbekämpfung im Bereich elektrischer Anlagen beachten, z. B. DIN VDE 0132 in Deutschland, ÖVE/ÖNORM E 8350 in Österreich oder in der Schweiz »Feuerwehr Koordination Schweiz – Reglement Basiswissen«.
> - Vorgeschriebene Mindestabstände bei der Annäherung an elektrische Anlagen beachten.
> - Elektrische Anlage freischalten.
>
> Folgende Maßnahmen nur von einer Elektrofachkraft ausführen lassen:
> - Elektrische Anlage freischalten und gegen Wiedereinschalten sichern.

- Spannungsfreiheit prüfen.
- Anlage erden und kurzschließen.
- Benachbarte Teile, die unter Spannung stehen, abdecken oder abschranken.
- Mindestabstände in Abhängigkeit von Nennspannung und Einsatzsituationen den geltenden Vorschriften und Richtlinien entnehmen, z. B. DIN VDE 0132 länderspezifische Vorschriften und Richtlinien prüfen.
- Monitor möglichst nur mit Sprühstrahl betreiben. Vollstrahl vermeiden und möglichst ein Handstrahlrohr im Rettungskorb verwenden.
- Bei gestörten/beschädigten Anlagenteilen oder Leitungen die Sicherheitsabstände mindestens verdoppeln.

Achtung:

Elektrische Anlagen gelten grundsätzlich als spannungsführend, wenn sie nicht durch Elektro-Fachkräfte nach folgenden Regeln spannungsfrei hergestellt wurden:

1. freischalten,
2. gegen Wiedereinschalten sichern,
3. Spannungsfreiheit feststellen,
4. erden und kurzschließen,
5. benachbarte, unter Spannung stehende Teile abdecken und abschranken.

Schalthandlungen dürfen nur durch Elektrofachkräfte oder elektrotechnisch unterwiesene Personen des Anlagenbetreibers vorgenommen werden.

Befinden sich gelöste oder gerissene Leitungsseile auf dem Boden kann eine Annäherung, insbesondere bei Hochspannung, lebensgefährlich sein. In Abhängigkeit der Bodenbeschaffenheit und der eingeleiteten Spannungshöhe kann ein Spannungstrichter entstehen, in dessen Zentrum die größte Spannung vorherrscht und zum Rand hin abnimmt. Vor in Stellung bringen eines Hubrettungsfahrzeuges ist ggf. die Umgebung auch diesbezüglich in Augenschein zu nehmen. Der notwendige Sicherheitsabstand zu am Boden liegenden Leitungen bzw. zu Teilen, auf die Spannung übertragen werden kann, muss bei Hochspannung mindestens 20 m betragen. Gefahrenbereiche sind abzusperren und dürfen erst nach Herstellung der Spannungsfreiheit bzw. Freigabe durch die Anlagenbetreiber wieder betreten werden. Frühzeitiges Ergreifen von Schutzmaßnahmen, wenn Leitungsseile drohen durch Brandeinwirkung herabzustürzen oder Anlagenteile nicht spannungsfrei hergestellt werden können, sind:

- absperren,
- Standortverlagerung,
- Kennzeichnung und Information an alle Einsatzkräfte,
- Betreiber informieren.

Achtung:

Abstände von Hubrettungsfahrzeugen zu Leitungsseilen bei windigen Wetterverhältnissen aufgrund eines nicht unerheblichen Ausschwingens beachten und anpassen.

Nach einer erfolgreichen Bekämpfung eines Brandereignisses ist eine Einsatzstelle, an der besondere Gefahren durch elektrischen Strom vorhanden sind, nicht generell gefahrlos. Weiterhin können Anlagenteile spannungsführend oder derart beschädigt worden sein, dass auch in angrenzenden Bereichen eine Spannung anliegen kann. Daher gilt es einige generelle Maßnahmen nach einem Brandfall in elektrischen Anlagen zu beachten:

- Betreten der Brandstelle nach dem Brand für Unbefugte ausschließen.
- Der Anlagenbetreiber hat für die Geräte und Betriebsmittel im betroffenen Bereich eine Wiederinbetriebnahme zu genehmigen/zu veranlassen.
- Den Zutritt zur kalten Brandstelle bedenken, unbedingt Atemschutz verwenden und ausreichend lüften, sodass keine giftigen und korrosiven Zersetzungsprodukte aufgenommen werden können.
- Bei Kontakt mit Zersetzungsprodukten unverzüglich einen Facharzt aufsuchen.
- Unter Spannung stehende Anlagenteile gegen direkte Berührung sichern
- Etwaige Pulverbeläge auf Isolatoren beseitigen lassen.

Achtung:

Stromgefahren sind »schwer erkennbar«. Strom ist nicht zu hören, zu riechen oder zu sehen!

5.5.2 Einsätze im Bereich sendetechnischer Anlagen

Mobilfunknetze, TETRA-Funknetzanlagen, Sendeanlagen für Radio- und Fernsehprogramme erfahren einen ständigen Ausbau bzw. eine Anpassung des Sendestandards. Deren Planung, Genehmigung und Erstellung erfolgt nach gültigen Vorschriften, Regelwerken und unter Einhaltung gesetzlicher Grenzwerte. Laufende Überwachungen stellen sicher, dass, wenn sich derartige Anlagen in einem bestimmungsgemäßen Zustand befinden und Sicherheitsabstände eingehalten werden, keine relevanten Gefahren von ihnen für Menschen ausgehen. Durch die Zunahme an Sendemasten, die elektromagnetische Felder abstrahlen, können Einsatzkräfte häufiger in den Wirkbereich derartiger Anlagen gelangen. Insbesondere Besatzungen von Hubrettungsfahrzeugen müssen daher, aufgrund der zu erreichenden Höhen, entsprechende Erkundungsmaßnahmen an direkten und benachbarten Objekten ausführen und bei einem Auffinden in einer planerischen oder dynamischen Gefährdungsbeurteilung (▶ Kapitel 5.6.1) berücksichtigen.

Bild 16:   *Sendetechnische Anlage auf dem Dach eines Mehrfamilienhauses. Aufgrund zu erreichender Höhen können Hubrettungsfahrzeuge leicht in den Abstrahlbereich gelangen. (Quelle: Ekiwi Pixel)*

Praxis-Tipp:

Sendeanlagen mit hohen Sendeleistungen, z. B. Fernsehtürme, sollten mit Angabe der relevanten Informationen (Betreiber, Sicherheitsabstand etc.) in örtliche Einsatzpläne aufgenommen werden.

Elektromagnetische Felder verursachen Wechselwirkungen mit dem menschlichen Körper, da hochfrequente elektromagnetische Felder vom Körper aufgenommen (»absorbiert«) werden und dort unterschiedliche Wirkungen hervorrufen können. Weiter erzeugen sie mit zunehmender Feldstärke Wärme im menschlichen Körper, vergleichbar mit einer Mikrowelle. Bei Einhaltung der gesetzlichen Grenzwerte sind gesundheitliche Schäden jedoch nicht zu erwarten. Die Wirkung elektromagnetischer Felder nimmt mit zunehmender Entfernung von der Quelle rasch ab! (»Quadratisches Abstandsgesetz«) Der einzuhaltende Sicherheitsabstand wird von der zuständigen Behörde – der Bundesnetzagentur (BNetzA) – um jede Antenne herum festgelegt. Das bedeutet, dass in der Regel keine einheitlichen Sicherheitsabstände angegeben werden können. Die Bundesnetzagentur ist für die Durchführung und den Vollzug der »Verordnung über das Nachweisverfahren zur Begrenzung elektromagnetischer Felder (BEMFV)« zuständig. Für jede Sendeanlage werden Standortbescheinigungen erstellt, die individuelle vertikale und horizontale Sicherheitsabstände ausweisen.

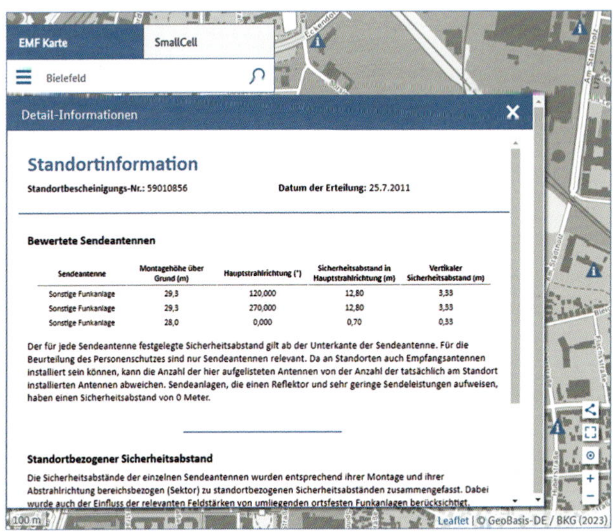

Standortinformation

Standortbescheinigungs-Nr.: 59010856   Datum der Erteilung: 25.7.2011

Bewertete Sendeantennen

Sendeantenne	Montagehöhe über Grund (m)	Hauptstrahlrichtung (°)	Sicherheitsabstand in Hauptstrahlrichtung (m)	Vertikaler Sicherheitsabstand (m)
Sonstige Funkanlage	29,3	120,000	12,80	3,33
Sonstige Funkanlage	29,3	270,000	12,80	3,33
Sonstige Funkanlage	28,0	0,000	0,70	0,33

Der für jede Sendeantenne festgelegte Sicherheitsabstand gilt ab der Unterkante der Sendeantenne. Für die Beurteilung des Personenschutzes sind nur Sendeantennen relevant. Da an Standorten auch Empfangsantennen installiert sein können, kann die Anzahl der hier aufgelisteten Antennen von der Anzahl der tatsächlich am Standort installierten Antennen abweichen. Sendeanlagen, die einen Reflektor und sehr geringe Sendeleistungen aufweisen, haben einen Sicherheitsabstand von 0 Meter.

Standortbezogener Sicherheitsabstand

Die Sicherheitsabstände der einzelnen Sendeantennen wurden entsprechend ihrer Montage und ihrer Abstrahlrichtung bereichsbezogen (Sektor) zu standortbezogenen Sicherheitsabständen zusammengefasst. Dabei wurde auch der Einfluss der relevanten Feldstärken von umliegenden ortsfesten Funkanlagen berücksichtigt.

100 m   Leaflet | © GeoBasis-DE / BKG (2023)

Bild 17: *Standorte, Sendeleistungen und Sicherheitsabstände sind bundesweit von eingetragenen Sendestandorten abrufbar. (Quelle: Bundesnetzagentur)*

Info:

Auf der Internetseite der Bundesnetzagentur können EMF-Karten aufgerufen werden (https://www.bundesnetzagentur.de/DE/Vportal/TK/Funktechnik/EMF/start.html). In einem Suchfeld können aufgefundene Anlagen eingegeben und die entsprechende Standortbescheinigung eingesehen werden.

Innerhalb der angegebenen Abstände können sich Einsatzkräfte gefahrlos und zeitlich unbegrenzt aufhalten. Diese Abstände können je nach abgestrahlter Leistung der Sendeanlagen am Standort mehrere Meter bis zu wenigen Zentimetern betragen. Im Nahbereich von Sendeanlagen liegen die sogenannten kontrollierten Bereiche und Sperrbereiche, die nur von den durch die Sendeanlagenbetreiber befugten Personen betreten werden dürfen. Außerhalb eines Sperrbereichs wird die Einhaltung der für den Arbeitsschutz geltenden Grenzwerte der EMFV garantiert. Bei Aufenthalten im kontrollierten Bereich oder Sperrbereich rund um Sendeanlagen sind die Vorgaben der EMFV und der konkretisierenden TREMF HF (Technische Regeln zur EMFV im Frequenzbereich von 100 kHz bis 300 GHz) zu beachten. Bei Feuerwehreinsätzen sind die vertikalen und horizontalen Sicherheitsabstände der Standortbescheinigung besonders relevant, wenn diese in der Nähe zu einem Mobilfunkstandort stattfinden, z. B. in einem Obergeschoss- oder Dachbereich. Befinden sich Einsatzkräfte im kontrollierten Bereich, so ist zu beachten, in welcher Nähe zu einer einzelnen Mobilfunkantenne sich die Einsatzkräfte aufhalten müssen. Es gibt für jeden Standort ein »Standortbuch«, in welchem die Sicherheitsabstände der einzelnen Antennen aufgeführt sind.

Merke:

Auch wenn kein konkreter Sicherheitsabstand angegeben ist, so ist ein Sicherheitsabstand von 50 cm einzuhalten! Dies gilt für Outdoor- und Indoor-Mobilfunkantennen!

Info:

Eine gute Handlungshilfe speziell zu Arbeiten an Mobilfunkstandorten stellt die Broschüre der Bitkom dar, die auch für Einsatzkräfte der Feuerwehr wertvolle Hinweise geben kann: Bitkom 2022: »Mobilfunk und Sicherheit: Informationen für Handwerker und Hauseigentümer« (https://www.bitkom.org/sites/main/files/2022-11/08.11.22-LF-Mobilfunk-und-Sicherheit-221025.pdf).

Vor Betreten eines kontrollierbaren Bereiches muss man sich an den Senderbetreiber wenden. Der Senderbetreiber ist in diesem Fall dafür verantwortlich, dass die Anlage abgeschaltet oder heruntergeregelt ist. Dies ist die sicherste Schutzmaßnahme. Sollte dies nicht möglich sein, sind in Abhängigkeit von der Feldstärke, bzw. der Sendeleistung ausreichende Sicherheitsabstände einzuhalten.

Praxis-Tipp:

Alle Einsätze im Nahbereich hochfrequenter elektromagnetischer Felder und die Aufenthaltsdauer von Einsatzkräften dokumentieren.

5.6   Gefährdungsbeurteilung

Das Mittel einer Gefährdungsbeurteilung ist nicht neu, jedoch hat sich ihr Stellenwert in den letzten Jahren erhöht und ist somit elementarer Bestandteil eines modernen Arbeitsschutzes. Heutzutage regeln nicht mehr nur starre Vorgaben ein Vorgehen, vielmehr soll durch vernünftiges Denken und Handeln die Sicherheit und der Gesundheitsschutz von Feuerwehrangehörigen sichergestellt werden. Die Erstellung einer Gefährdungsbeurteilung ist für die Feuerwehren Pflicht und hat ihren Ursprung in dem 1996 verabschiedeten Arbeitsschutzgesetz. Hiernach müssen Gefährdungen, die sich für Beschäftigte bei der Arbeit ergeben, beurteilt und erforderliche Gegenmaßnahmen ermittelt und dokumentiert werden. Deutlich formuliert es auch die Fachgruppe »Feuerwehren und Hilfeleistungen« der Deutschen Gesetzlichen Unfallversicherung (DGUV): »Der Betreiber ist dafür verantwortlich, auf Grundlage einer Gefährdungsbeurteilung festzulegen, wie sein Hubrettungsfahrzeug eingesetzt werden soll.« Der Gesetzgeber gibt keine Form zur Erstellung der Gefährdungsbeurteilung vor.

Info:

Der Bayerische Gemeindeunfallversicherungsverband hat einen »Leitfaden zur Erstellung einer Gefährdungsbeurteilung im Feuerwehrdienst – GUV-X 99955« veröffentlicht. Dieser befasst sich nicht speziell mit den Gefahren im Umgang mit einem Hubrettungsfahrzeug, stellt aber eine sinnvolle Grundlage dar. Die gängigen Normen von Hubrettungsfahrzeugen (DIN EN 14043, DIN EN 14044, DIN EN 14701 und DIN EN 1777) beinhalten umfangreiche Auflistungen signifikanter Gefährdungsmerkmale, die sich für eine Ermittlung grundlegender Gefährdungen anbieten.

Die Gefährdungsbeurteilung dient als Hilfsmittel bei der eigenverantwortlichen Auswahl geeigneter Maßnahmen und beinhaltet sieben aufeinander aufbauende Schritte:

1. Ermitteln der Gefährdung

Eine »Gefährdung« besteht, wenn Feuerwehrangehörige räumlich und zeitlich mit einer Gefahrenquelle zusammentreffen. Eine systematische Bestandsaufnahme anhand der Leitfrage »Was kann passieren?« zeigt alle Möglichkeiten auf, bei denen Personen durch Gefahren Schaden nehmen können.

2. Risikobeurteilung

Im zweiten Schritt muss das bestehende Risiko ermittelter Gefährdungen beurteilt werden, um in der Folge geeignete Maßnahmen vornehmen zu können. Risiko (R) ist das Produkt aus der Wahrscheinlichkeit (W) eines Schadeneintritts und den möglichen gesundheitlichen Folgen (F).

Risiko (R) = Wahrscheinlichkeit (W) x Folgen (F)

Zur quantitativen Risikobestimmung eignen sich exemplarisch die Angaben aus der GUV-Information »Auswahl der Persönlichen Schutzausrüstung auf Basis einer Gefährdungsbeurteilung« (GUV-I 8675).

Die Eintrittswahrscheinlichkeit (W) wird in fünf Kategorien eingeteilt:

Tabelle 5: *Eintrittswahrscheinlichkeit (W)*

Eintrittswahrscheinlichkeit (W)	
0	nie (absolut keine Gelegenheit auf Gefahr zu treffen)
1	ausnahmsweise
2	gelegentlich
3	wahrscheinlich
4	immer

Mögliche gesundheitliche Folgen (F) werden in fünf Kategorien erfasst:

Tabelle 6: *Mögliche Folgen*

Folgen (F)		
0	ohne Folgen	
1	gering	leichte, reversible Schmerzen, z. B. kleine Schnittverletzungen, Abschürfungen, Verstauchungen
2	mäßig	schwere Verletzungen, z. B. Knochenbrüche, Verbrennungen 2. Grades
4	hoch	lebensbedrohliche Verletzungen, schwere bleibende Gesundheitsschäden, z. B. Querschnittslähmung, Erblindung
8	Extremfall	Tod

Anhand einer Risikomatrix kann aus der ermittelten Eintrittswahrscheinlichkeit (W) und den zu erwartenden gesundheitlichen Folgen (F) das Risiko (R) abgeschätzt werden:

Risiko R = W x F

Wahrscheinlichkeit W			ohne Folgen (0)	gering (1)	mäßig (2)	hoch (3)	Extremfall (Tod) (4)
immer	4		0	4	8	16	32
wahrscheinlich	3		0	3	6	12	24
gelegentlich	2		0	2	4	8	16
ausnahmsweise	1		0	1	2	4	8
nie	0		0	0	0	0	0

Folgen F

Bild 18: *Risikomatrix*

Aus der Matrix lässt sich aus dem Schnittpunkt von Eintrittswahrscheinlichkeit (W) und Folgen (F) die Risikogruppe ablesen. Die Risikogruppe zeigt bestehende Risiken und notwendige Maßnahmen auf.

Risikogruppe	Risiko	Maßnahmen
8 - 32	groß	Maßnahmen mit erhöhter Schutzwirkung dringend notwendig
3 - 6	mittel	Maßnahmen mit normaler Schutzwirkung dringend notwendig
1 - 2	klein	Organisatorische und personenbezogene Maßnahmen ausreichend
0	-	Keine zusätzlichen Maßnahmen notwendig

Bild 19:   *Risikogruppe und Maßnahmen*

3. Ableiten von Schutzzielen

Die Definition von Schutzzielen legt fest, welches Ziel erreicht werden soll und steht vor der Suche nach geeigneten Schutzmaßnahmen. Orientierung bieten bestehende Vorschriften und Regelwerke, beispielsweise in Form festgelegter Grenzwerte. Nur für ein bekanntes Schutzziel lassen sich passende Maßnahmen ergreifen.

4. Auswahl von Maßnahmen, Kontrolle auf Wirksamkeit

Die Auswahl geeigneter Schutzmaßnahmen orientiert sich daran, welches Risiko als noch akzeptabel angesehen werden kann. Die Differenz zwischen einem festgestellten Risiko (Ist-Zustand) und einem akzeptablen Restrisiko (Soll-Zustand) bestimmt die erforderliche Reichweite von zu ergreifenden Maßnahmen. Nach einer Umsetzung von Maßnahmen muss eine Überprüfung stattfinden, ob ein vorher definiertes Grenzrisiko nicht überschritten wird. Ggf. müssen noch andere oder ergänzende Maßnahmen getroffen werden.

5. Dokumentation

Ergebnisse der Gefährdungsbeurteilung sowie festgelegte Maßnahmen und Überprüfungen sind zu dokumentieren und dienen der Rechtssicherheit für Träger und Führungskräfte der Feuerwehr. Im Schadensfall kann so belegt werden, dass den Arbeitsschutzpflichten, insbesondere der Pflicht zur Gefährdungsbeurteilung nachgekommen wurde.

6. Unterweisungen

Unterweisungen in der Theorie und Praxis dienen der Akzeptanz und der konsequenten Umsetzung ermittelter Schutzmaßnahmen.

7. Überprüfung

Eine erstellte Gefährdungsbeurteilung ist regelmäßig auf ihre Wirksamkeit hin zu überprüfen. Ermittelte Zustände und Bedingungen können sich im Laufe der Zeit verändern, erforderlichenfalls muss sie aktualisiert werden. Gleichzeitig erfolgt durch das regelmäßige Überprüfen der Gefährdungsbeurteilung eine Kontrolle, ob tatsächlich die einst beschlossen Maßnahmen umgesetzt werden.

5.6.1 Dynamische Gefährdungsbeurteilung

Jedes Jahr ereignen sich insgesamt ca. 220 000 Brände und Explosionen in Deutschland. Jedes einzelne Ereignis variiert in seiner Intensität, Ausdehnung, Dynamik, Örtlichkeit und Erreichbarkeit. Daher muss bei jedem Brandeinsatz mit einer Vielzahl von wechselnden und umfänglich unterschiedlichen Gefahrenmomenten gerechnet werden. Neben den üblichen Brandbegleiterscheinungen wie Wärmestrahlung, Rauchentwicklung und eine direkte Einwirkung von Flammen auf Personen und Material, muss u. a. auch ein möglicher Ein- und Absturz von Gebäude- und Anlagenteilen beachtet werden. Insbesondere bei der Einbindung eines Hubrettungsfahrzeuges in das Einsatzgeschehen sind spezielle, fahrzeugspezifische und einsatztaktische Belange fortwährend zu berücksichtigen. Teilweise entstehen sehr spezielle Gefährdungsmerkmale, bspw. plötzlich drehende oder zunehmende Windverhältnisse oder aufweichende Untergründe mit einer einhergehenden Gefährdung für die Standsicherheit eines Hubrettungsfahrzeuges. Die Auswirkungen der Gefährdungen können eingesetzte Einsatzkräfte und Fahrzeuge aber auch unbeteiligte Dritte direkt betreffen. Die Summe der bestehenden Gefährdungen und deren Vielschichtigkeit machen es unmöglich, eine einheitliche, an allen Einsatzorten anwendbare und gültige »Gefährdungsbeurteilung Einsatzstelle« zu erstellen, da jederzeit eine Situationsveränderung eintreten kann. Gefahrenauswirkungen können sich räumlich verlagern, sie können wegfallen oder zusätzliche Gefahren können sich entwickeln, ausbreiten oder anderweitig verändern. Diese möglichen Entwicklungen erschweren an Einsatzstellen der Feuerwehr oft das Einhalten oder überhaupt das Anwenden von Schutzvorschriften. Oberstes Ziel ist allerdings ein Einsatzerfolg unter Sicherstellung des größtmöglichen Schutzes von Betroffenen und Einsatzkräften. Keinesfalls darf leichtfertig oder gar vorsätzlich auf das Ergreifen von Schutzmaßnahmen verzichtet werden. Problematisch ist dabei häufig das Treffen von Entscheidungen unter einem bestehenden Zeitdruck, ohne dass dabei auf eine, im Vorfeld individuell verfasste Gefährdungsbeurteilung zurückgegriffen werden kann. Daher ist es unabdingbar, alle aktuell bestehenden Gefahrenmomente in ihrer räumlichen und zeitlichen Erscheinung anhand einer »dynamischen Gefährdungsbeurteilung« vor Ort zu erfassen. Dieses Vorgehen ist kein Bestandteil einer gesetzlichen Regelung, vielmehr ist es elementarer Bestandteil notwendiger Präventionsmaßnahmen. Mögliche Gefahrenquellen, deren Ursachen und die davon ausgehenden Risiken werden mittels einer gedanklichen, systematischen Checkliste ermittelt und bewertet, um geeignete Einsatz- und Schutzmaßnahmen einleiten zu können. Die Anwendung folgt dem Vorgehen anhand des Führungskreislaufes nach FwDV 100, der Einhaltung der HAUS-Regel, der Anwendung der allgemein bekannten Gefahrenmatrix »Gefahren der Einsatzstelle« und unter Berücksichtigung der Erkenntnisse aus der »AGBF-NRW (Muster-)Gefährdungsbeurteilung für die Feuerwehr«. Für die Bereiche »Einsatz, Ausbildung und Übung« kann leicht eine schnelle Bewertung erkannter Gefahren hinsichtlich ihrer zu erwartenden Folgen und ihrer Eintrittswahrscheinlichkeit erfolgen. In Verbindung mit einer disziplinierten Anwendung bestehender Einsatzgrundsätze entsteht somit ein hoher Schutz für Mannschaft und Gerät. Verletzungen von Personen oder Beschädigungen am Fahrzeug müssen ausgeschlossen werden können. Somit gilt es in der Lagebeurteilung u. U. auch einen rechtzeitigen Rückzug oder eine Standortveränderung in Erwägung zu ziehen, den Brandort weiträumig abzusperren und ggf. sogar Teilbereiche aufzugeben. Sicherheit geht vor!

5.7   Sicherungsmaßnahmen am Einsatzort

An Einsatzstellen der Feuerwehr muss mit einer großen Bandbreite an Gefahren und daraus resultierenden Gefahrenwirkungen gerechnet werden. Im Rahmen von Erkundungsmaßnahmen gilt es, diese Gefahrenstellen zuverlässig zu erkennen und zu bewerten. Die Anwendung der allgemein bekannten Gefahrenmatrix (AAAA-CEEEE) ermöglicht eine systematische Aufdeckung bestehender Gefahren. Viele Gefahrenmomente lassen sich bereits durch allgemeine Maßnahmen entschärfen, andere können hingegen spezielle Tätigkeiten erfordern. Das Zusammenspiel aus technischen, organisatorischen und personellen Maßnahmen erhöht die Sicherheit für Einsatzkräfte und dritte Personen. Einige Sicherungstätigkeiten sollten obligatorisch sein und standardmäßig in die Aus- und Fortbildung integriert werden, beispielsweise die Absicherung eines Einsatzfahrzeuges im fließenden Verkehrsstrom oder Sicherungen gegen Absturz aus dem Korb eines Hubrettungsfahrzeuges.

5.7.1 Verkehrsabsicherung und Absperren des Bewegungsbereiches des Auslegers

Fließende Verkehrsströme erfordern Warn- und Absperrmaßnahmen. Diese dienen dem Schutz von Einsatzkräften aber auch der übrigen Verkehrsteilnehmer. Abgesicherte Bereiche ermöglichen eine ungestörte Entwicklung der räumlichen Strukturierung einer Einsatzstelle und helfen so, schneller einen Einsatzerfolg erreichen zu können. Gefährdungen und Behinderungen an Einsatzstellen entstehen insbesondere:

- durch fließenden Fahrzeugverkehr,
- durch unkontrollierte Bewegungen von Personen,
- an ungesicherten, nicht ausreichend gesicherten und unübersichtlichen Einsatzstellen,
- bei nicht ausreichendem Tageslicht und unzureichender Einsatzstellenbeleuchtung,
- wenn Warnkleidung nicht benutzt wird.

Bild 20:   *Eine Absicherung gegen den fließenden Verkehr und des Bewegungsbereiches des Auslegers ermöglicht ein gefahrenreduziertes Intervenieren. (Quelle: Feuerwehr Oberammergau)*

Einsatzstellen in Verkehrsräumen, Fußgängerzonen, Industriezonen o. ä. sind nach Eintreffen am Einsatzort sofort durch Absperr- oder Warnmaßnahmen zu sichern. Standardmäßige Erstmaßnahme ist das Einschalten von blauem Blinklicht, Heckwarnsicherungsausstattung und Warnblinker. Danach erfolgt die Erweiterung durch mitgeführtes Warn- und Absperrmaterial, beispielsweise in Form von Verkehrsleitkegeln, Verkehrszeichen, Warnlampen etc. Auf Straßen mit Gegenverkehr muss immer nach beiden Seiten gesichert werden, dabei ist geeignete Warnkleidung zu verwenden. Warn- und Absperrmaterial an besonderen Gefahrenstellen beispielsweise in Kurvenbereichen, hinter Kuppen oder durch Jahres- bzw. Tageszeit bedingte Sichtbehinderungen (Schattenbildung, Bewuchs) müssen in einem ausreichenden Abstand vor der Einsatzstelle platziert werden, um eine Erkennbarkeit erreichen zu können. Ebenso muss die örtliche Platzierung von Sicherungsmaßnahmen die mögliche Höchstgeschwindigkeit herannahender Fahrzeuge oder Straßen mit einem erhöhten Gefahrenpotential berücksichtigen. Maßnahmen der Verkehrslenkung sind grundsätzlich Aufgabe der Polizei (länderspezifische Regelungen können hier auch ein Tätigwerden der Feuerwehr legitimieren).

Achtung:

Regelmäßige Kontrollen vorsehen, ob Sicherungs- und Absperrmaßnahmen noch wirksam und intakt sind und ggf. anpassen oder nachstellen.

Hinweis:

Warnkleidung: Bei Arbeiten im öffentlichen Verkehrsraum, bzw. bei Gefährdungen durch den Straßenverkehr ist mindestens eine Feuerschutzkleidung nach DIN EN 469 mit einer Reflexbestreifung nach Anhang 3 der DGUV Information 205-020 zu tragen. Feuerwehr-Überbekleidung mit einer HuPF Bestreifung Stand 2006 erfüllt entsprechende Anforderungen, ältere Varianten nach der DIN EN 469 genügen nicht unbedingt den Vorgaben der DIN EN ISO 20471 »Hochsichtbare Warnkleidung«. Das Anlegen zusätzlicher Warnkleidung ist zu prüfen. Neubeschaffte Warnkleidung muss der DIN EN ISO 20471 »Hochsichtbare Warnkleidung« in aktueller Ausführung entsprechen. Ältere Warnkleidung, vor Erscheinen der DIN EN ISO 20471 (alte Norm: DIN EN 471), kann noch aufgetragen werden, sofern die Aussonderungskriterien nach Herstelleranleitung noch nicht erreicht sind.

Auch bei ausreichend gesicherten Einsatzstellen besteht die Gefahr, dass ein Fahrzeug in die Einsatzstelle hineinfährt. Daher müssen Einsatzfahrzeuge möglichst so aufgestellt werden, dass die Einsatzstelle vor einfahrendem Verkehr und Folgeunfällen geschützt werden kann.

Innerhalb abgesicherter Einsatzstellen muss bei einem Einsatz von Hubrettungsfahrzeugen zusätzlich der Bewegungsbereich des Auslegers abgesperrt werden, um bei Arbeiten oberhalb der Standfläche Gefährdungen für am Boden befindliche Einsatzkräfte durch herabstürzende Gegenstände, Bauteile o. ä. ausschließen zu können. Im Rahmen einer Brandbekämpfung können beim Eröffnen von Dachflächen Teile der Eindeckung, durch Druck des Löschmittelstrahles gelöste Bauteile, Verglasungen, Ausrüstungsgegenstände o. ä., in die Tiefe stürzen und schwere Verletzungen zur Folge haben.

5.7.2 Beleuchtung/Lichtmanagement

Einsätze in dunkler Umgebung stellen besondere Anforderungen an das Sehvermögen und die Konzentration. Die Informationsgewinnung und das Erkennen von Gefahrenbereichen können massiv erschwert sein. Aus diesem Grund kommt einer frühzeitigen, umfassenden und angepassten Ausleuchtung einer Einsatzstelle eine große Bedeutung zu; hingegen können durch fehlende oder falsch ausgerichtete Lichtquellen Hindernisse unerkannt bleiben oder überstrahlt werden. Beleuchtungsmaßnahmen sind zu planen, sinnvoll aufeinander abzustimmen und auf ihre Wirksamkeit sowie Blendfreiheit hin zu überprüfen. Aufgrund der unterschiedlichen Auslegerlängen können eingesetzte Hubrettungsfahrzeuge schnell Gefahren- oder Hindernisbereiche in großer Höhe erreichen, die bei einer unzureichenden Beleuchtungssituation von der Standfläche aus nur schwer wahrnehmbar sein können. Die Besatzung einer Drehleiter oder einer Hubarbeitsbühne muss daher standardmäßig eine strukturierte Erkundung aller oberhalb des Fahrzeuges befindlichen Bereiche, unter Zuhilfenahme mobiler Lichtquellen, durchführen. Dabei kann es hilfreich sein, das Arbeitsfeld in gedankliche Abschnitte aufzuteilen und diese dann nacheinander und vollständig in Augenschein zu nehmen. Insbesondere gespannte Leitungsdrähte oder andere in den Bewegungsbereich ragende Hindernisse müssen zuverlässig erkannt werden. Seit einigen Jahren bieten die Hersteller spezielle Beleuchtungskonfigurationen vorhandener Leuchtmittel am Fahrzeug an oder verbauen zusätzliche, fest verbaute Erkundungsscheinwerfer. Diese strahlen über dem Fahrzeug vorhandene Strukturen an und lassen sie erkennbar werden. Die grundsätzliche Funktionsweise ist bei vielen Fahrzeugen ähnlich, i. d. R. erfolgt automatisch nach Einlegen des Nebenantriebs das Einschalten der Scheinwerfer, bzw. drehen sie sich so in Position, dass der Lichtstrahl nach oben hin abstrahlt. Werden Bewegungen des Leitersatzes eingeleitet, schalten sich die Scheinwerfer wieder aus, bzw. drehen sich zurück in ihre Grundstellung, um Blendungen zu vermeiden. Auch ein manuelles

Abschalten ist jederzeit möglich. Die Erfahrungswerte mit derartigen Beleuchtungsoptionen haben gezeigt, dass selbst in großer Höhe befindliche Leitungsseile o. ä. eine sehr gute Sichtbarkeit durch Reflexion aufweisen. Das Risiko einer unbemerkten Annäherung an Hindernisse oder gefährliche Bereiche wird auf diese Weise deutlich herabgesenkt. Eine Anfrage beim Hersteller kann klären, ob eine derartige Beleuchtung bei dem eigenen Fahrzeug als Nachrüstlösung angeboten wird. Bei der Neubeschaffung von Fahrzeugen sollte diese optionale Beleuchtung auf jeden Fall berücksichtigt werden. Beleuchtungsmaßnahmen müssen strukturiert, geplant und angemessen in Form eines »Lichtmanagements« ausgeführt werden. Ein zu viel an Beleuchtung gibt es zwar grundsätzlich nicht, dennoch können viele Blendsituationen durch eine aufeinander abgestimmte Planung und Ausführung abgemildert werden. Eine enge Kommunikation zwischen der Korbbesatzung und dem Hauptbedienstand ermöglicht die jederzeitige Beleuchtungsanpassung durch bedarfsgerechtes Ab- oder Anschalten, bzw. Ausrichten von Lichtquellen.

5.7.3 Schutz gegen Absturz von Personen

Werden Gefahrenabwehrmaßnahmen in der Höhe oder Tiefe, beispielsweise von einem Hubrettungsfahrzeug aus erforderlich, besteht dabei grundsätzlich auch immer die Gefahr eines Sturzes von Einsatzkräften in die Tiefe. Daher gilt es Sturzgefahren frühzeitig und zuverlässig zu erkennen, damit wirksame Maßnahmen zur Vermeidung bzw. Abmilderung der Sturzfolgen, wie das richtige Anlegen Persönlicher Schutzausrüstung gegen Absturz (PSAgA) eingeleitet werden können. Leider ist es immer wieder zu beobachten, dass derartige Tätigkeiten ohne entsprechende Schutzmaßnahmen erfolgen. Über die Gründe kann man teils nur spekulieren. Sie reichen von einem mangelnden Gefahrenbewusstsein bis zu einer groben Fehleinschätzung der Situation oder werden als unbequem, schwerfällig und unnötig empfunden, insbesondere wenn die Gefahr ja »nur kurz« besteht, zum Beispiel bei einem vorübergehenden Annähern an eine Absturzkante.

Merke:

Persönliche Schutzausrüstung gegen Absturz bewahrt Personen vor einem Abrutschen oder Abstürzen, kann abstürzende Personen sicher auffangen und deren Rettung gewährleisten. Bestandteile der PSAgA sind Rückhaltesysteme, Arbeitsplatzpositionierungssysteme und Auffangsysteme.

Zusätzliche Schulungen können helfen, das Bewusstsein für das Erkennen von Gefahrenmomenten zu schärfen. Regelmäßige Übungen steigern die Handlungssicherheit im Umgang mit der Persönlichen Schutzausrüstung und fördern so die Akzeptanz und sichern eine bestimmungsgemäße Verwendung. Beispielhaft bestehen Absturzgefahren aus dem Korb eines Hubrettungsfahrzeuges, wenn:

- die Korbumwehrung ganz oder teilweise geöffnet ist.
- ein Anfahren des Hubrettungsfahrzeuges durch andere Fahrzeuge nicht ausgeschlossen werden kann.
- sich bei Fahrbewegungen der Rettungskorb, beispielsweise an einem Geländer oder in einer Baumkrone, verhaken kann und sich gegebenenfalls schlagartig freifährt, was zu einem peitschenartigen Schlag oder einem starken Nachfedern des Auslegers führen kann.
- der Korb verlassen wird, um auf andere Strukturen überzusteigen, beispielsweise auf eine Dachfläche ohne weitere bauliche Sicherungsmaßnahmen.

In der aktuellen Fachempfehlung des Deutschen Feuerwehrverbandes »Absturzsicherung im Rettungskorb von Hubrettungsfahrzeugen« (DFV-FE-73-2022 vom 22. Juni 2022) sind ergänzende Situationen benannt, bei denen eine Gefahr des Absturzes NICHT besteht. Demnach kann von dem Anlegen weitergehender Schutzausrüstung abgesehen werden, wenn:

- die Umwehrung des Korbes ganz oder teilweise geöffnet ist, jedoch aber bauliche Gegebenheiten eine Geländerfunktion übernehmen können, beispielsweise die Fensterlaibung bei einem Einstieg in ein Fenster.
- innerhalb einer, durch zusätzliche Fahrzeuge und Absperrmaterial, gesicherten Einsatzstelle ein Anfahren des Hubrettungsfahrzeuges ausgeschlossen werden kann.
- ein Tätig werden aus dem Korb heraus bei vollständig geschlossenem Geländer und ohne Herauslehnen über das Geländer erfolgt, beispielsweise bei einem Wenderohreinsatz.

Die beschriebenen Faktoren der Situationen in denen von der Verwendung Persönlicher Schutzausrüstung gegen Absturz abgesehen werden kann, sind allerdings nicht fortwährend als ein statischer Umstand anzusehen. Über den gesamten Einsatzverlauf hinweg muss eine engmaschige, gründliche Kontrolle und Beurteilung erfolgen, ob eine dynamische Lageveränderung eingetreten ist oder einzutreten droht, die dann doch ein Verwenden von weitergehender Ausrüstung zum Schutz vor einem Absturz erforderlich macht. Bei Bedarf ist dann ein Einsatz zu unterbrechen und die Ausstattung der Einsatzkräfte entsprechend anzupassen. Ein Fahrzeugausfall oder taktische Anpassungen können zu Fahrzeugbewegungen innerhalb einer abgesperrten Einsatzstelle führen. Durch zeitkritische Erfordernisse oder andere stressbehaftete Aspekte kann nicht ausgeschlossen werden, dass ein Hubrettungsfahrzeug auch durch eigene Fahrzeuge angefahren werden kann. Bei einem lang andauernden Wenderohreinsatz ist durch einen aufweichenden oder plötzlich nachgebenden Untergrund die Standsicherheit des Fahrzeuges gefährdet. Der Ausleger kann u. U. an eine Gebäudestruktur anstoßen und durch die dabei auftretenden Kräfte können Personen aus dem Korb herausgeschleudert werden. An jedem Standort ist daher in eigener Verantwortung und Wahrnehmung zu diskutieren, ob es nicht ratsam ist, grundsätzlich bei einem Einsatz des Hubrettungsfahrzeuges mit einer Persönlichen Schutzausrüstung gegen Absturz ausgestattet vorzugehen. Auf diese Weise besteht jederzeit ein hochwertiger Schutz für die im Korb befindlichen Einsatzkräfte. Die vollständige Schutzwirkung lässt sich allerdings nur dann erzielen, wenn neben dem Bewusstsein und den Rahmenbedingungen einer Notwendigkeit zur Sicherung auch die gerätetechnische Ausrüstung auf die Erfordernisse hin abgestimmt ist und dauerhaft einsatzbereit auf den Fahrzeugen verlastet ist.

Für Feuerwehren ist eine detaillierte Beschreibung der Absturzsicherung aus Rettungskörben von Hubrettungsfahrzeugen schwierig, da dieser Anwendungsfall derzeit ungeregelt ist. Für Gewerbe und Industrie wird hingegen in der DIN 19427 der Bereich der persönlichen Schutzausrüstung gegen Absturz festgelegt und kann somit als anerkanntes technisches Regelwerk herangezogen werden, um eine geeignete Schutzausstattung gegen Absturzgefahren auszuwählen und zu beschaffen.

Die technische Ausstattung der Körbe von Hubrettungsfahrzeugen muss geeignete Anschlagpunkte zur Anbringung der persönlichen Schutzausrüstung in mengenmäßiger Abhängigkeit der zugelassenen Personenanzahl vorsehen. Diese Punkte sind zu kennzeichnen und müssen Informationen über die Belastungsart (dynamische oder statische Last) und die maximal mögliche Lastaufnahmekapazität (Tragfähigkeit) angegeben.

Achtung:

Für den Einsatz von PSAgA sind nur Festpunkte, die einer dynamischen Lasteinleitung standhalten zu verwenden.

Achtung:

Auf die Lesbarkeit von Hinweisaufklebern achten. Bei Beschädigung oder starkem Abrieb Ersatz bestellen und mangelhafte Aufkleber austauschen.

Merke:

Sind keine Festpunkte im Korb vorhanden oder die notwendigen Angaben nicht eindeutig gekennzeichnet, ist unbedingt der Hersteller zu kontaktieren. Die fehlenden Informationen sind einzuholen, die Kennzeichnung zu ergänzen oder die Möglichkeit einer nachträglichen Montage zu erfragen.

Besteht keine Möglichkeit einen zertifizierten Anschlagpunkt in den Korb des Hubrettungsfahrzeuges einzubringen, kann es sein, dass optional ein entsprechendes Höhensicherungsgerät an massiven Elementen des Korbes befestigt werden kann. Die Rettungsgerätehersteller können hierzu entsprechende Lösungsoptionen anbieten.

Persönliche Schutzausrüstung gegen Absturz

Der Umfang der notwendigen Persönlichen Schutzausrüstung gegen Absturz (PSA-gA) ist zu ermitteln und die mögliche Adaptierung auf das vorhandene oder zu beschaffende Hubrettungsfahrzeug zu überprüfen. Innerhalb eines Rettungskorbes kommen zwei Ausführungsoptionen eines Auffangsystems in Betracht:

Ein Auffangsystem mit einem Verbindungselement und Falldämpfer bestehend aus einem Auffanggurt nach DIN EN 361, einem Verbindungsmittel nach DIN EN 354 und einem Falldämpfer nach DIN 355 (Bandfalldämpfer) und ein Auffangsystem mit Höhensicherungsgerät bestehend aus einem Auffanggurt nach DIN EN 361 und einem Höhensicherungsgerät (HSG) nach DIN EN 360 3.3.1.

Bild 21:   *Sicherung mit einem Auffanggurt und einem Höhensicherungsgerät im Korb einer Drehleiter (Quelle: Ralph Herrmann)*

Ein Höhensicherungsgerät (HSG) muss folgende Vorgaben erfüllen:
- nach DIN EN 360 zugelassen,
- integrierte Falldämpfung (oder mit einem absorbierenden Element),
- kompakte Bauweise,
- Zulassung für einen horizontalen Einsatz,
- ein- und ausziehbares Verbindungsmittel,
- kantengeprüft, gegebenenfalls 2 × 90° kantengeprüft.

> Ein Auffanggurt ist u.a. Bestandteil des Gerätesatzes Absturzsicherung nach DIN 14800-17 und kann als baugleiche Komponente übernommen bzw. beschafft werden. Die Grundanforderungen an einen Auffanggurt sind:
> - Zulassung nach DIN EN 361,
> - front- und rückseitige Auffangöse,
> - Beingurt- und Rückenpolster.

Neben den relevanten technischen Anforderungen und Regelungen hängt die vollständige Leistungsfähigkeit eines Auffangsystems zusätzlich von der Verwendung ab. Werden beispielsweise Einsatzkräfte bei Nachlöscharbeiten auf einer Dachfläche an einem Hubrettungsfahrzeug angeschlagen und so gegen einen Absturz gesichert, muss sichergestellt sein, dass ein ausreichend freier Raum unter dem Korb vorhanden ist. Es gilt zu beachten, dass ein Sturz in das Auffangsystem durch integrierte Bandfalldämpfer mit einer Längenzunahme des Gurtes einhergeht. Die Längenausdehnung ist notwendig, um die auftretenden Fallkräfte auf den Körper zu dosieren und abmildern zu können. Daher muss dauerhaft ein ausreichender Mindestabstand eingehalten werden, um ein Auf- oder Anschlagen von eingebundenen Personen zu verhindern. Der dabei notwendige Abstand zwischen Untergrund und Rettungskorb richtet sich nach der Summe aus der Fallstrecke, der Brems- oder Aufreißstrecke des Falldämpfers plus einer Sicherheitsstrecke von einem Meter.

Achtung:

Für einen bestimmungsgemäßen und folgerichtigen Einsatz müssen die jeweiligen Herstellervorgaben der am eigenen Standort vorhandenen Systeme bekannt sein und beachtet werden.

Hinweis:

In der Regel befindet sich ein Festpunkt für ein Höhensicherungsgerät oberhalb der zu sichernden Person und muss über eine Zulassung für einen vertikalen Einsatz verfügen. Liegt ein Festpunkt unterhalb des Anwenders, wie beispielsweise in einem Rettungskorb, muss zwingend auch eine Zulassung für den horizontalen Einsatz gegeben sein.

Umsicht ist geboten, wenn zwei verschiedene Systeme miteinander kombiniert werden sollen. Eine gleichzeitige Verwendung Persönlicher Schutzausrüstung gegen Absturz in Verbindung mit einem Atemschutzgerät birgt die Gefahr einer gegenseitigen Beeinträchtigung. Bei einem Absturz könnte sich die rückseitige Auffangöse des Gurtes verschieben, wodurch ggf. das Tragegestell des Atemschutzgerätes gegen den Helm schlägt und zu Kopf- und Wirbelsäulenverletzungen führen kann. Hier empfiehlt der Fachausschuss Technik der deutschen Feuerwehren, wenn eine solche Kombination unbedingt notwendig ist, die Aufnahme eines Auffanggurtes in die Tragevorrichtung des Atemschutzgerätes, bzw. muss eine Kompatibilität von PSAgA im Einzelfall betrachtet werden und vom Anwender bzw. Verantwortlichen in einer Gefährdungsbeurteilung beurteilt und aufgenommen werden.

Bild 22:   *Auf dem Dach befindliche Einsatzkräfte werden über ein Hubrettungsfahrzeug gegen Absturz gesichert. (Quelle: Feuerwehr Mainz)*

Ein zuverlässiger Schutz vor einem Absturz besteht aus einer Verknüpfung von geeigneter Gerätetechnik mit regelmäßigen Übungen, einer disziplinierten Anwendung und der Beachtung von Regelwerken sowie weiterer Präventionsmaßnahmen. So kann ein Absturz beispielsweise auch dadurch verhindert werden, dass sich Einsatzkräfte erst gar nicht an eine Absturzkante annähern. Diese plakative Aussage beinhaltet bereits das Erkennen einer Gefahrenquelle und setzt voraus, dass eingesetzte Kräfte einen solchen Bereich meiden. Daher kommt der Kenntlichmachung eines solchen Gefahrenbereiches eine große Bedeutung zu. Es muss zuverlässig verhindert werden, dass Personen durch eine derartige Gefahrenlage beeinträchtigt werden können; daher müssen Einsatzkräfte zuverlässig aus bestimmten Bereichen (Absturzkanten, Abrutschbereiche baulicher Anlagen…) ferngehalten werden können. Hierfür wird in der Regel das herkömmliche rot-weiße Absperrband verwendet, welches allerdings durch viele Feuerwehrangehörige nicht ausreichend akzeptiert und daher häufig missachtet wird. Ein zuverlässiger Betretungsschutz kann durch das herkömmliche Absperrband so nicht immer erreicht werden. Für eine klare Erkennbarkeit und eine notwendige Beachtung einer internen Absperrung empfiehlt sich der Gebrauch eines gesonderten, andersfarbigen Absperrbandes, das sich explizit an Einsatzkräfte richtet. In Verbindung mit einer entsprechenden Schulung kann so ein zuverlässiger Betretungsschutz erreicht werden.

Bild 23:   *Ein zentral erstellter Zugang und die Kenntlichmachung von Absturzkanten erhöhen die Sicherheit für auf dem Dach tätige Einsatzkräfte. (Quelle: Feuerwehr Mainz)*

5.7.4 Spannungswarngeräte

Nicht immer reicht eine bloße Inaugenscheinnahme aus, um potenzielle Stromquellen zuverlässig auszumachen. Beschädigte stromführende Strukturen oder schwierige Umgebungsverhältnisse aufgrund von Sichtbehinderungen durch Nebel, Brandrauch oder Dunkelheit können eine zuverlässige Identifizierung spannungsführender Bauteile erschweren. Insbesondere Hubrettungsfahrzeuge können durch ihre erreichbaren Ausladungswerte leicht in den Wirkbereich stromführender Elemente gelangen. Aus diesem Grund müssen die Besatzungen von Drehleitern und Hubarbeitsbühnen permanent die von ihnen eingeleiteten Bewegungen überwachen, um eine zu dichte Annäherung, eine Berührung oder einen Spannungsüberschlag sicher ausschließen zu können. Ein besonderer Fokus muss dabei auf vorhandene Leitungsseile gelegt werden, die aufgrund ihrer teilweise geringen Querschnitte schnell übersehen werden können. Nach dem Erkennen spannungsführender Elemente im Arbeitsbereich von Hubrettungsfahrzeugen ist eine Deaktivierung nach elektrotechnischen Grundsätzen anzustreben, bevor ein Einsatz erfolgt.

Achtung:

Im Einsatzverlauf können in Folge von länger andauernden Brandeinwirkungen Halteeinrichtungen von elektrischen Bauteilen versagen und abstürzen und potenzielle Gefahrenquellen dadurch verlagern.

Eine entsprechende Absuche nach stromführenden Quellen kann durch Hilfsmittel, beispielsweise durch Spannungswarngeräte sinnvoll unterstützt werden. Allerdings ist es ratsam, sich nicht ausschließlich auf eine Alarmierung eines Warngerätes zu verlassen. Nur durch eine Kombination aus einer intensiven, visuellen Absuche, einer Befragung relevanter Personen und eine unterstützende, Hilfsmittel basierte Suche kann eine zuverlässige Bewertung über das Vorhandensein stromführender Bauteile o. ä. getroffen werden.

Merke:

Ist ein Stromlosschalten nicht möglich, ein Tätigwerden jedoch unabdingbar, müssen durch die Besatzung des Hubrettungsfahrzeuges Mindestabstände zum Gefahrenobjekt konsequent eingehalten und durch Überwachungskräfte von außen zusätzlich überwacht werden.

Die Hersteller von Hubrettungsfahrzeugen bieten schon länger eine optionale, fest verbaute Installation von Spannungswarngeräten an. Zusätzlich bietet auch die Industrie handgeführte Lösungen:

Fahrzeugspannungswarner

Bei eingebauten Spannungswarngeräten in Hubrettungsfahrzeugen handelt es sich beispielsweise um eine spezielle Kabelführung am Ausleger, an dessen Ende spezielle Antennen zur Detektion von Stromquellen angebracht sind. Eine am Hauptbedienstand und/oder im Fahrerhaus installierte Auswerteeinrichtung bewertet die empfangenen Signale und gibt in der Regel optische und akustische Warnsignale aus.

Handgeführte Spannungswarngeräte

Ein Einsatz von handgeführten Stromtestern (zum Beispiel AC-Hot-Stick) ermöglicht das mobile Detektieren nach relevanten Stromquellen. Die Geräte funktionieren berührungslos und geben ein optisches sowie akustisches Signal bei Annäherung an eine Wechselspannungsquelle im Frequenzbereich von 20 bis 100 Hz ab.

Achtung:

Derzeit angebotene Endgeräte können keine Gleichstromquellen wie bspw. Straßenbahnoberleitungen erkennen.

Erklärtes Ziel muss es sein, teils lebensgefährliche Situationen in Zusammenhang mit dem Einsatz von Hubrettungsfahrzeugen und spannungsführenden Leitungen unbedingt zu vermeiden. Zielführend ist hier ein Zusammenspiel von technischen, organisatorischen und persönlichen Maßnahmen, nach dem T-O-P Prinzip. Bild 24 fasst die durch den Arbeitskreis Arbeitssicherheit der AGBF NRW zusammengefassten Maßnahmen zur Gefahrenreduzierung durch vorhandene Stromquellen zusammen.

Die Ausstattung der auf dem Markt erhältlichen Geräte unterliegt einer ständigen Weiterentwicklung. Auch unterliegen organisatorische und persönliche Maßnahmen einer laufenden Kontrolle und Entwicklung.

Hinweis:

Es gilt zu bedenken, dass der Einbau eines Spannungswarners nicht alleinig ausreichend ist. Vielmehr handelt es sich bei den Spannungswarnern um ein sehr gutes Hilfsmittel, das die Detektion von Stromquellen positiv unterstützen kann.

	Maßnahme	Wechselstrom AC [50 Hz]	Wechselstrom AC [16 $2/3$ Hz]	Gleichstrom DC	Bemerkung
T	ROSENBAUER (Metz) Fa. Made (DetectLine / SkyNacelle) Spannungswarner	Ja	Ja	Nein	Warnt in Abhängigkeit von Spannung und Entfernung
	Magirus Fa. Sigalarm Spannungswarner	Ja	Nein	Nein	Warnt in Abhängigkeit von Spannung und Entfernung
	GIMAEX Spannungswarner	Ja	in Entwicklung	in Entwicklung	Korbwarner, derzeit keine näheren Informationen
	HOT-Stick	Ja	Nein	Nein	Potentielle Gefahr muss im Vorfeld bekannt sein, handgeführt
	Erkundungsscheinwerfer	Zur Ausleuchtung des Bereichs über dem Leitersatz			Schalten sich mit Nebenantrieb ein. Schaltet bei Bewegen des Leitersatzes / Korb oder manuell aus.
O	Hinweisschilder im Monitor / Hinweisschilder „Achtung Oberleitung!" am Fahrzeug	Ja	Ja	Ja	Im Korb-Monitor und am Hauptbedienstand erscheint bei Inbetriebnahme ein Hinweis. Zusätzlich sollten Hinweisschilder-/ aufkleber Displayunabhängig an den Steuerständen vorgesehen werden
P	Schulung HAUS-Regel	Ja	Ja	Ja	Einprägsame Merkregel zur Sensibilisierung der Maschinisten bei in Stellung bringen des HRF
	Unterweisung	Ja	Ja	Ja	Regelmäßige / mind. jährliche Unterweisung (DREHLEITER.info)

Bild 24:   *Matrix T-O-P Prinzip[1] (Quelle: Arbeitskreis Arbeitssicherheit der AGBF NRW)*

Bei der Beschaffung müssen Nutzen und ein abzudeckender Frequenzbereich, der vom jeweiligen Spannungswarner überwacht werden kann, durch die Feuerwehren genau geprüft werden (z. B. Bahnstrom 16⅔ Hz; Hausstromversorgung 50 Hz). Die Einarbeitung in eine Gefährdungsbeurteilung hilft Nutzen und verbleibende Risiken klar darzustellen.

Achtung:

Das Nichtalarmieren von Hilfsmitteln zum Aufsuchen von Stromquellen bedeutet nicht, dass keine Stromquelle, von der Gefährdungen für die Einsatzkräfte ausgehen können, vorhanden ist.

---

1   Anmerkung zu Bild 24: Die derzeitigen Inhalte sind umfassend recherchiert, begründen aber keinen Anspruch auf Vollständigkeit.

Achtung:

Spannungswarngeräte sind kein Ersatz für Spannungsprüfer oder Messgeräte.

Bild 25:
Angebrachte Hinweisaufkleber »Achtung Strom« oder »Achtung Oberleitung« an einem Haupt- und Korbbedienstand tragen zusätzlich zur Erhöhung der Sicherheit bei.

5.8   Sicherheitsassistent

Der breitgefächerte Einsatzalltag geht mit einer Vielzahl verschieden ausgeprägter Gefahrenmomente einher, deren negative Auswirkungen eigene Einsatzkräfte, fremde Person sowie Fahrzeuge und Material betreffen können. In der Folge können moderate bis schwere Verletzungen oder Beschädigungen drohen, wenn eine Gefahrenlage nicht rechtzeitig erkannt wird und keine Maßnahmen zu deren Abstellung bzw. Entschärfung eingeleitet werden. Dem fortlaufenden Beobachten des Einsatzgeschehens kommt somit eine hohe Bedeutung zu; nur so lassen sich rechtzeitig drohende Gefahrenauswirkungen wahrnehmen. Dies ist unabdingbar für die Ergreifung geeigneter Schutzmaßnahmen. Dabei ist zu beachten, dass die ausgehenden Gefährdungen permanent bestehen, sich dynamisch entwickeln oder örtlich verlagern können. Neben diesen möglichen Veränderungen müssen während einer Erkundungsphase eine Vielzahl weiterer Informationen aufgenommen, verarbeitet und bewertet werden. Zusätzlicher Stress, beispielsweise in Form eines zeitkritischen Geschehens, kann dazu führen, dass ein Aspekt unter Umständen eine nur unzureichende Betrachtung erfährt und daraus, schlimmstenfalls, ein relevanter Sicherheitsmangel resultieren kann. Unterstützend kann hier eine zusätzliche Funktion sein, die ausschließlich mit dem Auftrag »Überwachung der Sicherheit« betraut ist. Diese Aufgabe kann der sogenannte Sicherheitsassistent (SiAss) übernehmen. Er ist frei von anderen Tätigkeiten und kann sich somit vollkommen auf die »Sicherheit« konzentrieren. Seine Hauptaufgabe ist es, das Einsatzgeschehen laufend zu beobachten, Gefährdungen einzuschätzen, unsichere Situationen und bedenkliche Verhaltensweisen zu erkennen, um daraus wirkungsvolle Maßnahmen zur Gewährleistung der Sicherheit einzufordern. Er fungiert vor Ort als eine Art Risikomanager und schlägt die erarbeiteten Präventionsmaßnahmen dem Einsatzleiter/Abschnittsleiter oder Einheitsführer vor. Die grundsätzliche Etablierung eines Sicherheitsassistenten, beispielsweise für den Einsatzabschnitt »Hubrettungsfahrzeuge«, kann somit insgesamt die Sicherheit für die Mannschaft und das Gerät erhöhen. Er stellt allein aber keine Garantie für eine verbesserte Sicherheit dar, auch kann ihm nicht die vollständige Verantwortung für die Sicherheit übertragen werden. Den Sicherheitsgrundstein bildet das gut aus- und fortgebildete Personal, das Vorhalten und die Verwendung notwendiger persönlicher Schutzausrüstung und die Auswahl passender Technik und Taktik. Ein Einsatzleiter/Einheitsführer, aber auch die übrigen Einsatzkräfte unterliegen einem Erfolgsdruck, vorrangige Überlegungen sind hier: »Wie ist der Auftrag zeitnah zu erledigen?« Der Sicherheitsassistent kann die Prioritäten umdrehen und sich fragen: »Wie können wir den Auftrag sicher erfüllen?« Allerdings ist er nicht für die Bewertung getroffener taktischer Entscheidungen der Führungskräfte da. Vom Prinzip fungiert er als ein Führungsassistent, der sich ausschließlich um Sicherheitsbelange kümmert. Er ist als Stabsfunktion direkt dem Einsatzleiter unterstellt und unterstützt diesen bei der sicheren Abarbeitung eines Einsatzes. Die Verantwortung und Entscheidungsbefugnis bleiben, wie es die Feuerwehr-Dienstvorschrift (FwDV) 100 vorsieht, beim Einsatzleiter.

Eine Besonderheit besteht aber darin, dass der Sicherheitsassistent die Befugnis besitzt bei einer akuten Gefährdung Führungsebenen überspringen zu dürfen. So kann er sofort Einsatzkräfte zum Verlassen gefährlicher Situationen auffordern oder unsichere Maßnahmen abstellen lassen.

Bild 26: *Ein Sicherheitsassistent »Abschnitt Hubrettungsfahrzeug« überwacht den Einsatz einer Drehleiter.*

Merke:

Ein Führungsdurchgriff des Sicherheitsassistenten zum Stoppen bei einer akuten Gefährdung oder einer unsicheren Tätigkeit ist nur gerechtfertigt, wenn eine der folgenden Bedingungen erfüllt ist:

- Es besteht unmittelbare Gefahr für Leib oder Leben der Einsatzkräfte oder involvierter Zivilpersonen.
- Es besteht die augenscheinliche Gefahr der Verschlechterung der Gesamtsituation hinsichtlich der Schadensschwere und/oder -ausweitung.
- Eine Information des Einsatzleiters/Einheitsführers vor dem Führungsdurchgriff des SiAss ist aufgrund der Eilbedürftigkeit der Intervention nicht möglich.

5.8.1 Sicherheitsassistent – Abschnitt Hubrettungsfahrzeug

Aufgaben bei einem Brandeinsatz

Hubrettungsfahrzeuge stehen der Einsatzleitung bei einer Brandbekämpfung für unterschiedliche Verwendungsoptionen zur Verfügung. Daraus resultieren für die Besatzung oder das Fahrzeug jeweils individuelle Gefahrenmerkmale, die sich nicht pauschal benennen lassen. Vielmehr sind sie von einer Vielzahl verschiedener Faktoren abhängig:

- Verwendungsform des Hubrettungsfahrzeuges: Wird es für direkte oder indirekte Maßnahmen zur Brandbekämpfung eingesetzt?
- Art und Nutzung eines Brandobjektes.
- Bauliche und örtliche Gegebenheiten.
- Ist mit aggressiven Bestandteilen im Brandrauch zu rechnen?
- Erwartete Einsatzzeit, um ggf. ausreichende Ressourcen für einen mehrfachen Personalwechsel zu schaffen und um Unfälle durch Erschöpfungs- und Ermüdungszustände vorzubeugen.
- Besteht eine sichere Wasserversorgung zum Hubrettungsfahrzeug?

Exemplarische Aufgaben des SiAss beim Abschnitt Hubrettungsfahrzeug – Brandbekämpfung:

- Überprüfung und regelmäßige Überwachung des Untergrundes,
- Überwachung der Absicherung des Fahrzeug-, Arbeits- und Gefahrenbereiches,
- Überwachung des Trümmerschattens/Abrutschflächen von Bauteilen,
- Beobachtung einer Rauchentwicklung, ggf. Hinweis auf Atemschutz,
- Auswirkungen einer (zunehmenden) Wärmestrahlung beachten,
- Überwachung der Herstellervorgaben, Überwachung Personalwechsel/ Rehabilitierungszeiten.

Aufgrund seiner hohen Verantwortung und dem erforderlichen Hintergrundwissen sollte die Funktion Sicherheitsassistent – Abschnitt Hubrettungsfahrzeug nur mit besonders qualifizierten Kräften besetzt werden. Dies ist unabdingbar, um diesen Einsatzabschnitt auch vollumfänglich überwachen und qualitativ beurteilen zu können. Im Idealfall verfügt er mindestens über eine Qualifikation zum Maschinisten für Hubrettungsfahrzeuge in Verbindung mit einer ausreichenden Einsatzerfahrung. Eine weitergehende Qualifikation zum Gruppenführer und die Kenntnisse des Einsatzschemas für Hubrettungsfahrzeuge erweitern sein Urteilsvermögen um weitere wertvolle Bewertungsfaktoren. Dies ist die notwendige Grundlage, um bedarfsgerecht einschreiten zu können, Einsatzmaßnahmen zu beeinflussen oder unter Umständen gar ganz zu unterbinden.

> **Beispielhafte, sicherheitsrelevante Überwachungsfaktoren:**
>
> - Beurteilung des Standortes,
> - Absicherung des Fahrzeugs (Warnmittel, Absperrung),
> - Absicherung des Bewegungsbereiches des Auslegers (Absperrung),
> - Abstützvorgang/Betreten des Fahrzeuges,
> - Anlegen/Anpassung von Schutzausrüstung,
> - richtige und sichere Verwendung der Einsatzmittel.

Die Überwachungsaufgaben sind dynamisch und eine einmalige, statische Beurteilung reicht nicht aus. Fortlaufende Kontrollen und eventuelle Anpassungen müssen stattfinden.

Kennzeichnung des Sicherheitsassistenten

Ein deutlich gekennzeichneter Sicherheitsassistent ist für alle Beteiligten in seiner Funktion und Aufgabe klar erkennbar. Bei einem dringenden Einschreiten kann so ohne Zeitverlust reagiert werden. Des Weiteren tragen seine offensive Kennzeichnung und Anwesenheit dazu bei, dass eingesetzte Kräfte disziplinierter anhand gültiger Vorschriften agieren. Es empfiehlt sich, den Sicherheitsassistenten mit einer Kennzeichnungsweste zu versehen, deren Farbgebung sich an den örtlich noch verfügbaren Farben orientieren sollte, um nicht in einen Konflikt mit anderen gekennzeichneten Funktionen zu geraten. Die bisher gelebte Praxis sieht eine weiße Weste mit deutlichen Symbolen zur Unterscheidung von Abschnittsleiterkennzeichnungen vor. Denkbar sind ein großes »S« für »Sicherheit« auf Brust und Rücken der Weste, auch in Verbindung mit einem Karomuster unterschiedlicher Farbzusammensetzungen, z. B. schwarz-gelb. Diese Farbgebung ist vielen bereits aus der Arbeitssicherheit zur Markierung von Gefahrenstellen bekannt.

5.9   Spezielle Gefahrenmerkmale

Kein Einsatz gleicht dem anderen, selbst häufig wiederkehrende Einsatzanlässe bedingen individuelle Abänderungen oder variieren in ihrem Umfang. Neben breiten Kenntnissen der Allgemeinen Gefahrenlehre, sollten daher auch »exotische« Einsatzanlässe in einer persönlichen Einsatzvorbereitung angedacht werden, um jeweils auf die breitgefächerten Herausforderungen adäquat reagieren zu können. In Verbindung mit einer dynamischen Gefährdungsbeurteilung lassen sich dann leicht am Einsatzort folgerichtige Maßnahmen auswählen. Beispielsweise erfordern Brände an bekannten Baukörpern eine Anpassung etablierter taktischer Vorgehensweisen, wenn sich diese in einem Um- oder Ausbauzustand befinden, da je nach Bauphase Bauteile nur teilweise fertiggestellt sind oder über eine noch nicht ausreichende Festigkeit verfügen. Gelagerte Baumaterialien und Einrüstung können zu weiteren speziellen Gefahrenmerkmalen führen. Bei Einsätzen im Bereich landwirtschaftlicher Anwesen müssen wiederum andere Besonderheiten berücksichtigt werden, etwa eine große Anzahl zu rettender Tiere, besondere Betriebsabläufe oder erschwerte Untergrundbedingungen durch überdeckte Gruben o. ä. Ebenso muss bewertet werden, in welcher Einsatzphase ein Eingreifen durch Kräfte der Feuerwehr indiziert oder eher unsicher ist, beispielsweise, wenn ein Bewohner in einem psychischen Ausnahmezustand brandbekämpfende Feuerwehrkräfte angreift oder anderweitig gefährdet. Übergangsweise kann so aus einem Feuerwehreinsatz eine Polizeilage werden, in der erst nach Absprache mit dem Polizei-Einsatzleiter ein Tätigwerden der Feuerwehr wieder erfolgen kann.

Praxis-Tipp:

Rechtzeitige Anforderung geeigneter Fachberater bedenken.

Bild 27: *Ein Dachstuhlbrand kann zunehmend Segmente des Baugerüstes in der Stabilität beeinträchtigen. Zum Schutz vor herabstürzenden Teilen ist der Absperrbereich entsprechend zu erweitern. Empfehlenswert ist dabei die Berücksichtigung des allgemein bekannten Abstandsfaktors der 1,5-fachen Gebäude-/Gerüsthöhe. (Quelle: Markus Towae)*

Literatur-Tipp:

David Marten: Feuerwehr in Polizeilagen, Verlag W. Kohlhammer, Stuttgart, 2019.

6 Wasserversorgung, Wassertransport und Armaturen zur Löschmittelabgabe

Um eine effektive Brandbekämpfung durchführen zu können, sind eine schnell zu erstellende, leistungsfähige und unterbrechungsfreie Löschwasserversorgung, ein schneller Transport des Löschmittels zum Ereignisort und ein effektives Ausbringen an der notwendigen Stelle erforderlich. Eine positive Umsetzung erfordert dazu entsprechende Vorhalteplanungen, Übungen, technische Vorbereitungen an den Fahrzeugen und geeignete Armaturen zur Wasserentnahme, -fortleitung und -abgabe. Zur Löschwasserentnahme wird häufig auf das Rohrnetz der öffentlichen Trinkwasserversorgung zurückgegriffen, dabei müssen aber Beeinträchtigungen für das Trinkwasser und das Rohrnetz bei einer Entnahme über Hydranten vermieden werden. Unter ungünstigen Umständen können beim Fehlen geeigneter Sicherungseinrichtungen infolge eines Rückflusses von entnommenen Wassers Verunreinigungen in das Rohrnetz gelangen und die Trinkwasserqualität negativ beeinflussen. Durch Druckstöße kann das Rohrnetz beschädigt werden (Rohrbrüche).

Zusatzinformationen:

Die DFV-Fachempfehlung Nr. 2 vom 13. September 2016 »Vermeidung von Beeinträchtigungen des Trinkwassers bei Löschwasserentnahmen am Hydranten«, enthält auf Grundlage des DVGW Arbeitsblatts W405-B1 weitere, wichtige Informationen und Verhaltensregeln dazu.

Das öffentliche Wassernetz ist nicht auf ausgedehnte Brandereignisse ausgelegt. Bei einer Löschwasserentnahme muss gewährleistet sein, dass der Betriebsdruck im System nicht unter 1,5 bar abfällt, um einen Einbruch der Umgebungsversorgung zu verhindern. Daher muss frühzeitig in die Einsatzplanung eine alternative Löschwasserbereitstellung mit einbezogen werden, beispielsweise eine Entnahme aus offenen Gewässern, aus Löschwasserbehältern oder Brunnen, ggf. muss auch eine Wasserförderung über eine lange Wegstrecke eingeplant werden.

Faustformel:

Pro verwendete Pumpe mit Löschwasserabgabe muss ein Hydrant eingeplant werden! Leistungsfähigkeit des Hydrantennetzes beachten!

> **Achtung:**
>
> Brandbekämpfungsmaßnahmen über ein Hubrettungsfahrzeug erst aufnehmen, wenn eine leistungsfähige und unterbrechungsfreie Wasserversorgung gewährleistet ist, um Gefährdungen für Einsatzkräfte ausschließen und Beschädigungen am Material verhindern zu können.

6.1 Löschwasserversorgung und -transport

Für die Versorgung eines Wasser-/Schaumwerfers über ein Hubrettungsfahrzeug ist neben einer gesicherten und ausreichenden Löschwasserversorgung eine eigene, leistungsstarke Pumpe (min. FPN 10-2000) vorzusehen, da der Betrieb eines Wasserwerfers sehr hohe Ausgangsdrücke erforderlich machen kann. Unter keinen Umständen dürfen über dieselbe Pumpe weitere Löschtrupps mitversorgt werden. Die einzustellenden hohen Betriebsdrücke für einen Wasserwerfer machen ein gleichzeitiges, sicheres Führen handgeführter Strahlrohre unmöglich und können zu Gefährdungen für im Innenangriff tätige Kräfte führen. Wird wiederum zu Gunsten mitversorgter Kräfte der Druck heruntergeregelt, leidet darunter die Qualität der Brandbekämpfung über den Wasserwerfer. Der Wassertransport vom Löschfahrzeug bis zum Wasserwerfer im Korb erfolgt über längenangepasste Rollschläuche oder über Rollschläuche in Kombination mit fest verlegten starren oder teleskopierbaren Leitungsrohren im Leitersatz bzw. innerhalb eines umschlossenen Mastrahmens. Ein in den Förderstrom eingebauter Verteiler erleichtert das Entwässern des Leitungssystems nach erfolgtem Einsatz. Bei der Verwendung eines Kugelhahnverteilers muss darauf geachtet werden, dass ein langsames Öffnen und Schließen erfolgt, um Druckstöße zu vermeiden. Ein entgegen dem Förderstrom eingebauter Verteiler, kann nach entsprechender Schulung, für jede Einsatzkraft als versorgender Verteiler für ein Hubrettungsfahrzeug erkannt werden. Die Gefahr, dass sich darüber ein Trupp mit einem handgeführten Strahlrohr mitversorgt, kann so reduziert werden. Die Erkennbarkeit dieser präventiven Einbaumaßnahme kann noch durch eine bewusste, ungewöhnliche Farbgebung des Verteilers positiv unterstützt werden.

Für die Systementwässerung nach einem Einsatz ist es nicht von Relevanz, ob ein Verteiler mit Niederschraubventilen in dem oder entgegen dem Förderstrom eingebaut wird.

Bild 28: *Zur optimalen Schlauchverlegung ist das erste Leiterteil mit einer fest verlegten Rohrleitung versehen. Ein aufgesetztes Schlauchführungsfenster am Leiterende unterstützt die Schlauchführung. (Quelle: FF Kiefersfelden, Christian Jörg, Markus Schroller)*

Achtung:

Auf eine ordentliche Schlauchführung innerhalb des Leitersatzes und Korbes achten! Stolperfallen vermeiden! Es dürfen keine Schlauchleitungen aus dem Korb oder Leitersatz heraushängen. Gefahr des Hängenbleibens und Beschädigungen bei Bewegungen des Auslegers.

Praxis-Tipp:

Vor dem Befüllen des Systems sicherstellen, dass alle Verbindungen korrekt hergestellt sind und alle Abgänge verschlossen sind. Das Leitungssystem vor dem Ausfahren und Positionieren des Korbes mit Wasser befüllen, die Steuerungs- und Überwachungselektronik kann so das zusätzliche Gewicht erfassen und verarbeiten. Überlastsituationen werden so vermieden.

6.1.1 Wasserwerfer: Arten, Aufbau, Betrieb und Rückbau

Arten

Die Ausstattung eines Hubrettungsfahrzeuges mit einem Wasser-/Schaumwerfer (Wenderohr) gehört fast ausnahmslos zur Standardausrüstung. Es werden verschiedene Varianten angeboten. Erhältlich sind montierbare Systeme zum Einhängen an der Leiterspitze oder zum Aufstecken am Korb. Des Weiteren werden auch fest montierte Systeme zum dauerhaften Verbleib am Korb verbaut. Die Ausführungen können handgeführt oder elektrisch steuerbar sein. Die maximalen Durchflussmengen der einzelnen Werfer variieren stark und hängen vom verwandten Typ ab. Im Durchschnitt reichen sie von ca. 1 500 l/min bis zu ca. 4 000 l/min; je nach konzipiertem Einsatzzweck können aber auch wesentlich leistungsfähigere Systeme vorhanden sein. Die dabei zulässigen, maximalen Strahlrohrdrücke müssen den jeweiligen Herstellerunterlagen entnommen und den Pumpenmaschinisten eines versorgenden Löschfahrzeuges mitgeteilt werden, um einen erforderlichen Ausgangsdruck, unter Berücksichtigung von Druckverlusten, einstellen zu können. Optional auf die Mündung aufsetzbare oder integrierte Hohlstrahldusen oder Hohlstrahlrohre ermöglichen das Variieren der Durchflussmenge und des Strahlbildes.

Tabelle 7:   *Beispielhafte Druckverluste innerhalb einer Förderstrecke*

Druckverlust durch Reibung pro 100 Meter B-Schlauchleitung	
Förderstrom	Druckverlust
400 l/min	0,3 bar
600 l/min	0,6 bar
800 l/min	1,0 bar
1 000 l/min	1,4 bar

Tabelle 7: *Beispielhafte Druckverluste innerhalb einer Förderstrecke (Fortsetzung)*

Druckverlust durch Reibung pro 100 Meter B-Schlauchleitung	
1 200 l/min	2,0 bar
1 600 l/min	4,0 bar
Pro 10 Meter zunehmender Höhe ergibt sich zusätzlich ein Druckverlust von 1,0 bar.	

Aufbau

Es gibt verschiedene Vorgehensweisen zum Aufbau eines Wenderohrs. Die Auswahl des Vorgehens orientiert sich an den Bedingungen an der Einsatzstelle, insbesondere dem zur Verfügung stehenden Raum. Grundsätzlich empfiehlt es sich, zum notwendigen Aufbau des Wasserwerfers den Korb auf den Boden abzusetzen, da so ein schneller und sicherer, niveaugleicher Aufbau durchgeführt werden kann. Hingegen ist eine Installation bei einem auf dem Fahrzeug abgelegten Leitersatz aufwändiger und beinhaltet das Risiko, dass Kräfte beim Heraufklettern und Betreten des Leitersatzes herabstürzen können oder dass herunterfallende Ausrüstungsgegenstände am Boden tätige Einsatzkräfte gefährden. Das Ablegen des Korbes sollte in einem gut einsehbaren und sicheren Bereich erfolgen, um keine Gefahr einer Berührung mit Hindernissen einzugehen oder anderen Gefahrenauswirkungen ausgesetzt zu sein. Dazu bietet sich i. d. R. ein Absenken zur Fahrerseite des Fahrzeuges hin an. Neben einer guten Einsehbarkeit der Umgebung für den Bediener, muss der Ausleger nur kurz aufgerichtet werden und kann dann direkt nach links geschwenkt werden. Bei einem Ablegen des Korbes vor dem Fahrerhaus, unter Verwendung eines Gelenkteils, muss sichergestellt sein, dass der Bereich frei von Personen und Hindernissen ist, optional vorhandene Kamerasysteme können hier nur eine unterstützende Wirkung bieten. Daher sollte zusätzlich noch ein Beobachtungs- und Sicherungsposten vorgesehen werden. Die Kommunikation innerhalb des Teams darüber, wo der Korb abgesetzt wird, optimiert die Bereitstellung der benötigten Gerätschaften am richtigen Platz. Das Vorgehen zum Aufbau eines Wasserwerfers ähnelt sich bei den einzelnen Fahrzeugserien und Herstellern, jedoch müssen für einen richtigen Aufbau und eine sichere Verwendung die individuellen Herstellervorgaben aus der jeweiligen Bedienungsanleitung befolgt werden.

> **Allgemeine Beschreibung einer Wasserwerfer-Installation:**
>
> - Wasser-/Schaumwerfer aus der Lagerhalterung entnehmen.
> - Wasser-/Schaumwerfer in Aufnahmeeinrichtung am Korb einstecken und arretieren.
> - Auf sicher geschlossene Verriegelung achten.
> - Formfesten Druckschlauch aus Halterung entnehmen und an der Kupplung des Wasser-/Schaumwerfers anschließen.
> - Ggf. bei elektrischem Wasser-/Schaumwerfer Verbindungskabel der Steuerung an Steckdose im Korb anschließen.
> - Absperrventile öffnen.

Bei fest verbauten Werfern und einigen Montagesystemen sind i. d. R. keine weiteren Anschlusstätigkeiten erforderlich, die Wasserversorgung verläuft durch fest verlegte Rohrleitungen im Korbrahmen und -boden.

Betrieb

Bei Löschmaßnahmen von einem freistehenden Hubrettungsfahrzeug aus, entstehen besondere Belastungen für das Fahrzeug, die eine angepasste Handhabung durch die Bedienmannschaft erfordern. Um die Auswirkungen von Rückkräften zu reduzieren, verfügen die Wasserwerfer über konstruktionsbedingte, begrenzte Dreh- und

Bild 29:   *Problemloser Aufbau eines Wasserwerfers im Einsatz bei einer gut strukturierten Einsatzstelle (Quelle: Freiwillige Feuerwehr Taufkirchen)*

Schwenkbereiche. Reicht ein Bewegungsbereich nicht aus, muss alternativ der Ausleger bewegt werden. Ein Werferbetrieb darf nur innerhalb zugelassener Freistandsgrenzen, Leiterlängen und reduzierter Aufrichtwinkel erfolgen. Diese individuellen Angaben sind der Bedienungsanleitung des eigenen Fahrzeuges zu entnehmen. Die bedienende Besatzung muss die Vorgaben kennen, einhalten und laufend überwachen.

> **Exemplarische Vorgaben, Hinweise und Verhaltensregeln für einen Löscheinsatz über ein Hubrettungsfahrzeug:**
>
> - Zusätzliche Belastung durch das Schlauchgewicht, die Wassersäule und den Rückdruck des Wasser-/Schaumwerfers beachten.
> - Fahrzeug breit abstützen.
> - Zulässige Belastung beim Löschen von der Leiter unbedingt beachten.
> - Leiter nur so weit ausfahren, wie dies die Löschmaßnahmen erfordern.
> - Handgeführte Strahlrohre können vom Rettungskorb aus verwendet werden, soweit sie von einer Einsatzkraft frei und sicher geführt werden können.
> - Der unter hohem Druck stehende Wasserstrahl kann schwere Verletzungen verursachen und gefährdet die Standsicherheit der Person, die das Strahlrohr hält!
> - Wasserstrahl nie direkt auf Personen richten.
> - Strahlrohr oder Wasser-/Schaumwerfer nicht betreiben, wenn sich Personen oder Hindernisse im Arbeitsbereich aufhalten.
> - Druckstöße und Druckschwankungen vermeiden: Pumpendrehzahl nur langsam, in kleinen Schritten ändern.
> - Absperrorgan am Druckabgang oder Strahlrohr nur langsam öffnen oder schließen.
> - Abstützsituation laufend überwachen, ggf. Standortveränderung durchführen.

Rückbau

Nach einem Einsatz müssen das wasserführende System entwässert und ggf. montierte Bauteile zurückgenommen werden. Eine folgende Reinigung sämtlicher verwendeter Elemente geht mit einer visuellen Inspektion einher, um möglicherweise eingetretene Schäden zu erkennen. Wenn keine weitere Nachbehandlung erforderlich ist, können sämtliche Ausrüstungsgegenstände zurück an ihren Lagerplatz verbracht werden. Dabei ist auf eine sichere Fixierung zu achten. Vorhandene Teleskopwasserrohre können einen höheren Aufwand in der Nachbereitung mit sich bringen, je nach Herstellervorgaben müssen sie ggf. nach dem Entwässern auf der ganzen Länge gereinigt werden (Dabei nicht mit einem Hochdruckreiniger in den

Bereich der Dichtungen spritzen!). Nach dem Trocknen müssen die Rohrteile mit geeignetem Hochleistungsfett abgeschmiert werden und dabei die Rohrstücke auf Beschädigungen und Dichtheit geprüft werden. Vor Abfahrt des Fahrzeuges ist zu kontrollieren, ob alle Anbauteile entfernt, bzw. wieder in Fahrstellung gebracht und sicher verstaut worden sind.

Achtung:

Während der Wintermonate auf die Bildung großer Eisflächen beim Entwässern achten, ggf. ausreichend abstumpfendes oder auftauendes Granulat einsetzen.

6.1.2 Handgeführte Strahlrohre, Selbstschutzsysteme

Standardmäßig verwendete Schlauchleitungen und Hohlstrahlrohre für im Innenangriff tätige Einsatzkräfte lassen sich problemlos auch aus dem Korb eines Hubrettungsfahrzeuges vornehmen. Diese Vorgehensweise ist häufig vorteilhafter gegenüber der Nutzung eines Wasserwerfers. Löschmaßnahmen lassen sich mit handgeführten Strahlrohren wesentlich flexibler und effektiver durchführen. Orientiert an dem Bedarf, können über sie große, aber auch geringe Löschmittelmengen ausgebracht werden. Brände können so wirksam bekämpft und Wasserschäden deutlich reduziert werden. Ein Außenangriff über den Korb bei einem offenen, ausgedehnten Dachstuhlbrand erfordert eine Angriffsleitung mit einem leistungsstarken, einstellbaren Hohlstrahlrohr. Für Nachlöscharbeiten reicht hingegen eine D-Schlauchleitung mit einem leistungsreduzierten, einstellbaren D-(Hohl)-Strahlrohr völlig aus (ggf. Übergangsstücke C-D verlasten). Eingekürzte Leitungslängen lassen sich leicht dauerhaft im Korb, zusammen mit einem Strahlrohr sowie Zubehör verlasten und erleichtern eine Handhabung im Korb, wenn ein Löschangriff ausschließlich von außen erfolgt. Für einen alternativen Zugang zur Brandbekämpfung in eine Gebäudestruktur (▶ Kapitel 7.3.1), müssen ausreichende Schlauchlängen über den Korb vorgebracht werden.

Optional verbaute Selbstschutzdüsen, umlaufend am Korb, zum Versprühen eines permanenten Wassernebels sollen als Schutz vor Beeinträchtigungen durch Wärmestrahlung oder Flammeneinwirkung dienen. Bei einer zu großen Annäherung oder einer rasanten Lageveränderung ist es aber hilfreicher, eine schnellstmögliche Standortveränderung durchzuführen, bzw. im Zuge der Standplatzauswahl das Auftreten derartiger Szenarien mitzubedenken und vorbeugend Fahrzeugpositionen außerhalb des Gefahrenbereichs einzunehmen.

Bild 30: *Zur Bekämpfung eines Brandes auf einem Balkon wird ein handgeführtes Strahlrohr über die Drehleiter vorgenommen. (Quelle: Sebastian Peters)*

6.1.3 Schlauchreserven, Schlauchnachführung

Schlauchreserve »C«

Generell erfordern über einen Innenangriff vorgetragene Löschmaßnahmen eine unter Druck stehende, entlüftete Schlauchleitung mit einer ausreichenden Schlauchreserve vor dem Brandraum. Dies ermöglicht eine adäquate Eindringtiefe und stellt dynamische Reaktionsmöglichkeiten sicher. Dies gilt auch, wenn über ein Hubrettungsfahrzeug als alternativer Angriffsweg in ein Gebäude vorgegangen wird. Die Schlauchreserve kann leicht durch ein Schlauchpaket in sogenannten aufgestellten Loops (kreisrunde, stehende Schlauchreifen) innerhalb des Korbes hergestellt und von da aus passend vorgenommen werden. Je nach Situation und baulichen Gegebenheiten kann der Korb auch zum Materialtransport von Schlauchtragekörben/Schlauchpaketen und weiteren Ausrüstungsgegenständen zu einer Bereitstellungsfläche genutzt werden, um sich von dort aus zu entwickeln. Das Hubrettungsfahrzeug kann in diesem Fall als Wasserzubringer dienen.

Schlauchreserve »B«

Eine Schlauchreserve ist ebenfalls für die Versorgungsleitung zum Wasserwerfer im Korb unabdingbar, um über einen gesamten Einsatzverlauf angepasst reagieren zu können. Die Besonderheiten hier sind die Dimension der Schlauchleitung, die Sonderlänge von 35 m, das Gewicht, ein trägeres Nachführverhalten und der benötigte Raum zum Ablegen der Leitung. Ein der Länge nach ausgerollter Sonderschlauch belegt, bei nur geringer ausgefahrener Länge des Auslegers, weite Teile des Aufstellraumes und stellt eine großflächige Stolperfalle dar. Platzsparende Varianten ermöglichen ein kompaktes Vorhalten der B-Schlauchreserve und reduzieren den Flächenbedarf sowie die Unfallgefahr.

Variante 1: Die Verwendung eines B-Schlauchpaketes: Hinter dem Leitersatz auf die Erde gelegt, formt es sich nach der Befüllung mit Wasser zu kreisrunden Loops. Eine Einsatzkraft kann nun unterstützend bei Ausfahrbewegungen des Leitersatzes die einzelnen Schlauchringe nachführen.

Bild 31:   *Abgelegtes und geöffnetes B-Schlauchpaket (Quelle: Drehleiterinstruktoren CGDIS Luxemburg)*

Bild 32:   *Leichtes Nachführen der einzelnen Ringe (Quelle: Drehleiterinstruktoren CGDIS Luxemburg)*

Variante 2: In einem flexiblen B-Schlauchtragekorb befindet sich ein in Buchten gelagerter Schlauch. Nach Ablegen und Öffnen des Korbes wird ein Kupplungsende an den versorgenden Verteiler und das andere Ende an das Anschlussstück im Leitersatz angeschlossen. Bei Ausfahrbewegungen zieht sich der Schlauch geordnet aus dem Tragekorb heraus, ein verbliebener Rest ist von Hand zu entleeren.

Variante 3: In einem am Fahrzeugheck installierten Anbaukasten lagert ein in Buchten liegender B-Sonderschlauch. Nach dem Öffnen des Kastens kann der Schlauch entnommen und wie in Variante 1 eingesetzt werden.

Bei allen drei Varianten verlaufen die Schlauchbewegungen bei einem ausfahrenden Ausleger weitestgehend selbständig, so dass hier i. d. R. eine Beobachtung und leichte Führung durch eine Einsatzkraft ausreichend ist. Bei Einfahrbewegungen muss bei allen Varianten ein händisches Führen des Schlauches erfolgen, um ein Einklemmen oder Verhaken im Leitersatz zu verhindern. Bei eingeleiteten Einfahrbewegungen des Leitersatzes bestehen, aufgrund der rückwärts gerichteten Laufrichtung der ausübenden Einsatzkräfte während der Schlauchführung, Stolper-

Bild 33: *Abnehmbarer Transport- und Lagerkasten für einen B-Schlauch am Heck einer Drehleiter (Quelle: Feuerwehr Aachen)*

gefahren. Zur Vermeidung sollte daher die Fahrgeschwindigkeit reduziert und der Laufbereich frei von Hindernissen gehalten werden. Teilweise sind montierbare Schlauchführungsfenster erhältlich, die das Führen des Schlauches vereinfachen können, jedoch kein Bedienpersonal ersetzen können.

Bei Hubarbeitsbühnen ist konstruktionsbedingt, aufgrund der im Mast integrierten Versorgungsleitung, lediglich eine Wasserversorgung zum fahrzeugseitigen Einspeiseort erforderlich.

Bild 34:   *Einklemmung eines B-Schlauches in die Sprossen durch Bewegungen des Leitersatzes. Zur Vermeidung auf die Anwesenheit von Kräften zur Schlauchnachführung achten. (Quelle: Thomas Weege)*

6.1.4 TACBAG

Eine mögliche Alternative zu einem herkömmlichen Vorgehen mit einer Angriffsleitung bietet das TACBAG-Schlauchmanagement-System. Innerhalb einer runden Transporttasche befindet sich ein auf einer Haspel aufgewickelter, formstabiler Schlauch. An der Oberseite der Haspel befindet sich ein kurzer Anschlussschlauch zur Verbindung mit der zuführenden Leitung. Die Tasche kann direkt vor dem Ereignis- bzw. am Bestimmungsort positioniert werden. Der Hauptschlauch der Tasche wird mit der Versorgungsleitung verbunden und am Kurzschlauch das Strahlrohr angeschlossen. Nachdem die Schlauchleitung entlüftet ist, kann der Trupp mit der Brandbekämpfung beginnen, ohne dass eine Schlauchreserve gebildet werden muss. Der Schlauch rollt sich selbständig von der Haspel ab. Eine spezielle Schlaufe oder vorkonzeptionierte Aufnahmeplatten ermöglichen eine sichere Befestigung am Korb eines Hubrettungsfahrzeuges. Der Trupp hat die Möglichkeit die Tasche mitzuführen oder am Korb zu belassen. Die benötigte Leitungslänge bis zum

Brandgeschehen kann leicht abgezogen werden, die Tasche fungiert als Schnell-angriffshaspel. Nach dem Einsatz kann die TACBAG mit Hilfe der »Fahrzeughalterung mit integriertem Aufrollsystem« über eine Handkurbel wieder aufgewickelt werden.

Bild 35:   *Am Korb einer Drehleiter befestigtes TACBAG-System zur Aufnahme einer Brandbekämpfung von außen. (Quelle: TACBAG)*

6.2   Spezielle Löschsysteme

Besondere Einsatzbedingungen können ein Vornehmen gebräuchlicher Einsatzmittel oder das Einbringen von Löschmitteln über herkömmliche Wege erschweren. Unter Umständen sind zunächst aufwendige, technische Maßnahmen erforderlich, um Zugänge zur Brandstelle zu schaffen. Die Einbindung spezieller Einsatz- und Lösch-systeme kann helfen einen alternativen Zugang zu schaffen, bzw. ein angepasstes Vorgehen einzuleiten. Auf diese Weise kann die Effektivität ergriffener Einsatz-maßnahmen erhöht werden, bzw. dazu führen, dass sich überhaupt ein Löscherfolg erzielen lässt. Die Charakteristik vieler Sondergeräte erlaubt eine »ebenerdige« Verwendung, ebenso wie einen Einsatz über ein Hubrettungsfahrzeug in großen Höhen oder ausgedehnten, tiefen Bereichen.

6.2.1 Löschlanzen

Die Verwendung von Löschlanzen bei der Feuerwehr ist nicht neu, bei vielen Wehren sind sie jedoch in den letzten Jahrzehnten in Vergessenheit geraten. Bei Löschlanzen handelt es sich um Spezialstrahlrohre, die durch ihre Eigenschaften und Konstruktionsmerkmale ein Einbringen von Löschmittel durch verschiedene Werkstoffe hindurch in schwer zugängliche Räume ermöglichen, beispielsweise bei der Brandbekämpfung auf Müll- und Kohlehalden, Heu- und Strohhaufen, Getreidesilos oder verschachteltem Stapelgut. Die Industrie bietet verschiedene Löschlanzensysteme zum Teil für spezielle Einsatzzwecke an.

Klassische Löschlanze

Vielfach sind Löschlanzen klassischer Bauform Bestandteil der Ausrüstung. Diese ca. 1,6 Meter langen, angespitzten Rohre ermöglichen beispielsweise durch Einrammen das Ablöschen von Schwelbränden. Über ein angebautes Absperrorgan ist ein kontrollierter Wasserfluss möglich. Die Durchflussmengen betragen i. d. R. um 650 l/min bei 5 – 8 bar Strahlrohrdruck.

Nebellöschsysteme

Bei den gängigen Nebellöschsystemen handelt es sich um speziell gehärtete, angespitzte, kurze Löschlanzen. Über verschiedene Spitzenformen können feinste Wassertropfen nebelartig in unterschiedlichen Strahlformen ausgebracht werden, was zu einem hohen Löscheffekt beiträgt. Die Lanzen können mit einem Hammer durch verschiedene Materialen durchgetrieben werden. So ergibt sich die Möglichkeit Brände von außen in einen beherrschbaren Zustand bringen zu können, um ein in der Folge erforderliches Betreten von Brandräumen sicherer gestalten zu können. Beispielhafte Anwendungsmöglichkeiten bestehen bei einem Wohnungs- oder Zimmerbrand, einem Dachstuhlbrand, bei Bränden in Hohlräumen mit engen Spalten (z. B. Zwischendecken, Versorgungsschächte, Dehnungsfugen), schwelenden Heu- und Strohstapeln, Spänebunkern, Silos, Containern o. ä. Der Wasserverbrauch liegt dabei i. d. R. nur zwischen 60 – 80 l/min. Ein erhältlicher Spezialhammer mit einem aufgesetzten Dorn ermöglicht durch Einschlagen die Schaffung eines Loches zum Durchstecken der Lanzen. Einen gleichen Effekt erzielt ebenso der eingeschlagene Dorn eines vorhandenen Halligan-Tools.

Literatur-Tipp:

Björn Liedtke: Halligan-Tool, Verlag W. Kohlhammer, Stuttgart, 2018.

6.2.2 Schneidlöschgerät

Ein sogenanntes Schneidlöschgerät ist eine Löschlanze mit einer speziellen Düse, aus der das Wasser unter einem hohen Druck (>250 bar) unter Zusetzen eines Schneidmittels (Abrasiv) ausströmt. Der erzeugte hochkomprimierte Wasserstrahl »schneidet« sich sehr schnell durch viele bekannte Werkstoffe, beispielsweise, um von außen Brände in schwer zugänglichen, versperrten oder aufgrund besonderer Gefahren nicht zu betretende Bereiche bekämpfen zu können. Die geschaffene Öffnung ist so klein, dass kein Sauerstoff von außen zum Feuer vordringen kann, die Löschwirkung wird dadurch zusätzlich erhöht. Bewährt hat sich die Kombination aus einem Schneidlöschgerät, Wärmebildkameras und Überdrucklüftern.

6.2.3 DRILL-X Bohrlöschgerät

Das Bohrlöschgerät DRILL-X ist eine Entwicklung der Österreichischen SYNEX TECH GmbH. Dabei handelt es sich um die innovative Kombination eines Bohrwerkzeuges mit einem Nebellöschsystem. Der Antrieb des Bohrers erfolgt rein hydraulisch über das Löschwasser aus der Angriffsleitung und kommt ohne ein zuzusetzendes Abrasiv aus. DRILL-X wiegt in der Standardausführung nur 10 kg und liefert bis zu 800 l/min und 10 bar Betriebsdruck. Als Mindestdurchfluss sollten 600 l/min bereitgestellt werden. Die Eindringtiefe beträgt 435 mm.

Der Unterschied von DRILL-X zu bekannten Löschlanzen und Schneidlöschsystemen liegt in der Variabilität von Strahlwinkeln und Durchflussmengen. Das System verwendet Nebeldüsen mit 60 und 40° versetzten Strahlwinkeln und 200 l/min Durchflussmenge. Darüber hinaus kann eine zweite Düsenreihe zur Brandbekämpfung geöffnet werden, die als Hauptfunktion zur Regelung des Durchflusses an der Turbine und somit der Bohrleistung dient. Der Strahlwinkel von 120° bis 165° und der Durchfluss von 200 l/min bis zu 800 l/min lassen sich einfach anpassen. Der entscheidende Verfahrensvorteil ist die schnelle und sichere Eindringung bei gleichzeitig maximaler Anpassungsfähigkeit.

Einsatztaktisch kann das System auf zwei Arten eingesetzt werden:

- Riegelstellung: z.B: bei großen Objekten, Bauernhöfen oder historischen Bauten;
- Brandbekämpfung.

Der Unterschied liegt in Position und Wirkdauer. Bei einer Riegelstellung wird das DRILL-X in ausreichendem Abstand zum Brandherd positioniert, um eine weitere Brandausbreitung zu verhindern. Bei einer direkten Brandbekämpfung hingegen, erfolgt die Positionierung im heißesten Punkt des Brandraumes, bei Dachstuhlbränden i. d. R. im obersten Drittel des Daches. Hilfreich ist dabei zusätzlich die Verwendung einer Wärmebildkamera.

Bild 36:   *Drill-X Bohrlöschgerät im Einsatz bei einem Dachstuhlbrand (Quelle: SYNEX TECH GmbH)*

7 Brandbekämpfung

Drehleitern und Hubarbeitsbühnen werden häufig zu einer direkten Brandbekämpfung oder für einsatzunterstützende Maßnahmen eingesetzt, jedoch werden ihre Alarmierung und die Einbindung in das Einsatzgeschehen vielerorts noch sehr unterschiedlich gehandhabt. In einigen Alarm- und Ausrückeordnungen sind sie standardisierter Bestandteil einer etablierten Einsatzmittelkette, insbesondere wenn sie eine überörtliche Anfahrt zu absolvieren haben. Der Faktor Zeit, um vor Ort über das Fahrzeug verfügen zu können, wird auf diese Weise möglichst geringgehalten. Hingegen kann bei einer verzögerten Alarmierung oder einer unzureichend vorbereiteten Raumplanung am Schadenplatz ein Einsatzablauf erschwert oder gar unmöglich gemacht werden, wenn beispielsweise Zufahrtstraßen und Stellplätze durch (Einsatz-)Fahrzeuge, unbedacht verlegtes Schlauchmaterial oder andere Einsatzmittel verstellt worden sind (▶ Kapitel 4.1). Je nach erforderlichem Umfang wird zwischen einer unmittelbaren Brandbekämpfung »Klein« oder »Groß« unterschieden, was eine differenzierte Einsatzplanung und -durchführung erfordert. Hubrettungsfahrzeuge sind ein unverzichtbares Einsatzmittel, eine frühzeitige Planung und Einbindung unterstützt positiv das Erreichen eines gewünschten Einsatzziels.

7.1 Ausrichtung des Hubrettungsfahrzeuges

Die einzelnen Einsatzarten von Hubrettungsfahrzeugen gehen mit unterschiedlichen Einsatzgrundsätzen zur erfolgreichen Gefahren- und Schadenabwehr einher. In der Einsatzplanung sind daher ausreichende Entwicklungsflächen zu berücksichtigen, um im Einsatzfall eine optimale Ausrichtung des Fahrzeuges zum Brandobjekt hin erreichen zu können. Das in Stellung bringen des Fahrzeuges ergibt sich aus der Bewertung der örtlichen Gegebenheiten, den notwendigen Erfordernissen und den zur Verfügung stehenden Flächen. Vielfach bestehen feste Meinungen darüber wie ein Fahrzeug zu positionieren ist. Sehr häufig wird propagiert eine Brandbekämpfung IMMER über das Heck eines Hubrettungsfahrzeuges erfolgen zu lassen, damit eine größere Eindringtiefe eines wirksamen Löschstrahls erreicht werden kann. Derart unumstößliche Aussagen sind jedoch nur wenig zielführend, da es eine grundsätzlich »falsche« oder »richtige« Positionierung nicht gibt, vielmehr gilt es in der Einsatzplanung zwischen den Vor- und Nachteilen verschiedener Optionen abzuwägen. Die

Positionierung muss angepasst an das Szenario, den gestellten Einsatzauftrag und unter Beachtung individueller Vorgaben erfolgen.

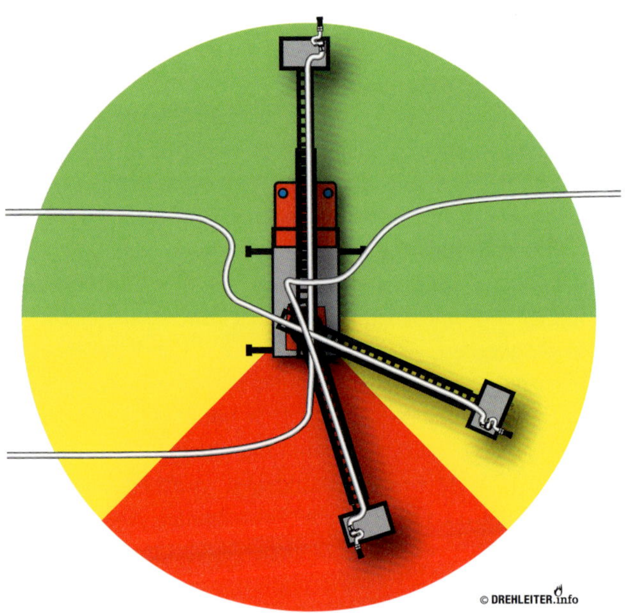

Bild 37:   *Optionale Ausrichtung eines Hubrettungsfahrzeuges im Brandeinsatz: Innerhalb des grünen Halbkreises werden eine hindernis- und knickfreie Schlauchführung sowie ein schneller Rückzug gewährleistet. Die gelben Teilbereiche erfordern eine höhere Aufmerksamkeit bei der Schlauchführung, ein zeitnaher Rückzug ist jederzeit durchführbar. Eine Nutzung des rot dargestellten Bereiches ermöglicht einen Reichweitengewinn des Löschstrahles, bedingt aber eine abgeknickte und erschwerte Schlauchnachführung sowie einen zeitlich länger dauernden Rückzug aufgrund der erforderlichen Drehbewegung des Auslegers. (Quelle: DREHLEITER.info)*

Grundsätzlich betrachtet, birgt ein Löscheinsatz über das Heck einen moderaten Reichweitengewinn, geht allerdings mit einer verlängerten Rückzugszeit aufgrund einer erforderlichen Drehbewegung in Fahrtrichtung einher, wenn beispielsweise aufgrund einer rasanten Brandausbreitung ein akuter Stellungswechsel erforderlich wird. Zur Sicherstellung einer einfachen, hinderungsfreien Schlauchführung bietet sich eine Ausrichtung über das Fahrerhaus an, da so ein ausreichender Raum für eine Schlauchreserve und -führung zur Verfügung steht.

7.2   Brandbekämpfung »Klein«/Brandbekämpfung »Groß«

Brandbekämpfung »Klein«

Eine Brandbekämpfung »Klein« beinhaltet die Einleitung eines lokalen Löschangriffes von außen oder die Erstellung eines »Alternativen Angriffsweges« (▶ Kapitel 7.3.1). Die Auswahl des Stellplatzes muss dabei sicherstellen, dass notwendiges Material und ausreichend Einsatzkräfte innerhalb einer ausreichenden Freistandsgrenze direkt an den Einsatzort herangebracht werden können. Die optimale Positionierung des Korbes erfolgt unter Umsetzung der Anleiterart »Frontal« knapp unterhalb einer Angriffsöffnung (Fenster, Balkon …), wodurch mehrere Vorteile entstehen:

- Besatzung, Material und Korb befinden sind außerhalb des Wirkbereiches von Wärmestrahlung und einem direkten Flammenkontakt.
- Bei einem vollentwickelten Brand kann ein wirksamer »Sprinklereffekt«[2] zur Stabilisierung der Situation durchgeführt werden (ggf. muss zunächst aus der Deckung heraus ein Fenster eröffnet werden – Absperrung darunterliegender Bereiche sicherstellen).
- Absturzgefahren werden bei einem erforderlichen Überstieg aufgrund des erstellten, engen Spaltes zwischen Korb und Gebäudestruktur vermindert.

Weitere Einsatzbereiche einer Brandbekämpfung »Klein« sind örtlich begrenzte Brandstellen mit einem Höhenunterschied zur Standfläche. Der Korb bietet generell eine bessere und sicherere Trittfläche gegenüber dem Stand auf einer tragbaren Leiter, beispielsweise schon bei Lkw- oder Containerbränden oder im Zuge von Nachlöscharbeiten. Auf ein Begehen innerer Gebäudeteile oder ein Betreten von Dachflächen kann weitgehend verzichtet werden, insbesondere wenn Ein- und Absturzgefahren bestehen.

---

2   Sprinklereffekt: Über ein offenes Fenster o. ä. wird ein Vollstrahl eines handgeführten Strahlrohrs unter eine Zimmerdecke gerichtet und erzeugt so eine großflächige Verteilung des Löschwassers, um eine schnelle Senkung der Raumtemperatur zu erreichen.

Einsatzgrundsätze Brandbekämpfung »Klein«:

- Vollständige Persönliche Schutzausrüstung »Brand« und Atemschutz anlegen.
- Ausreichendes Einsatzmaterial mitführen (Schläuche, Strahlrohre, Brechwerkzeug etc.).
- Korb unterhalb des Fenstersimses positionieren (Schutz vor einer Durchzündung).
- Die Kommunikation mit vorgehenden Trupps im Innenangriff sicherstellen.
- Zunächst Wurfweiten ausnutzen.
- Die Wassermenge der Brandintensität anpassen.
- Schlauchmanagement im Korb/Leitersatz beachten. (Es dürfen keine Leitungen heraushängen.)

Beispielhafte Einsatzmittel und Tätigkeiten Brandbekämpfung »Klein«:

- handgeführte Strahlrohre (C, D),
- kompakte Speziallöschsysteme,
- Brechwerkzeug, Einreißhaken,
- Wärmebildkamera,
- andere unterstützende Tätigkeiten.

Bild 38:   *Brandbekämpfung »Klein« bei einem Brand auf dem Dach einer Diesellok nach erfolgter Abschaltung und Erdung stromführender Leitungen (Quelle: Rico Ponath)*

> **Merke:**
>
> Auf vollständiges und richtiges Anlegen Persönlicher Schutzausrüstung und Atemschutz achten. Lose Gerätschaften im Korb durch Anbinden vor dem Herabstürzen sichern.

Wenn während eines Einsatzes Brand- oder Schüttgut im Korb transportiert wird, entstehen besondere Gefahren. So können bspw. Beschädigungen am Korb durch Verklemmen von Bauteilen auftreten. Zur Vermeidung ist die Nutzung von Schuttmulden empfehlenswert. Zudem sollte eine entsprechende Absperrung unter dem Korb erfolgen. Während eines Transportes von Brand- oder Schüttgut können sich leicht Teile lösen und zu Boden fallen. Eine Gefährdung von Personen, die sich im Bereich unterhalb des Korbes befinden, kann so ausgeschlossen werden.

Durch Brandbekämpfungsmaßnahmen erfolgt eine Kontamination des Hubrettungsfahrzeuges mit Brandrauch und Brandfolgeprodukten, daher muss nach dem Einsatz eine gründliche Reinigung erfolgen (▶ Kapitel 9).

Brandbekämpfung »Groß«

Eine Brandbekämpfung »Groß« ist ein Außenangriff unter Verwendung leistungsstarker Wasser-/Schaumwerfer bei großen Brandereignissen. Die Stellplatzplanung soll dabei eine maximale Abdeckbreite und Eindringtiefe mit einem wirksamen Löschstrahl berücksichtigen. Gleichzeitig muss die Einhaltung eines ausreichenden Abstandes zum Brandobjekt, um Gefährdungen oder Beschädigungen durch herabstürzende Elemente oder einstürzende Gebäudeteile (Trümmerschatten) sowie durch eine extreme Wärmestrahlung zu vermeiden, gewährleistet sein. Der Korb sollte nicht über brennende Objektteile bewegt werden, da durch eine rasante Brandausbreitung, Explosionen, einem Druckgefäßzerknall o. ä. einzelne Bauteile, Gasflaschen o ä. in große Höhen geschleudert und dort tätige Einsatzkräfte gefährden können. Die jeweiligen Herstellervorgaben für den Löschmitteleinsatz von einem Korb aus sind zu beachten. Der Einsatz eines Wasserwerfers liefert schnell ergiebige Löschmittelmengen und Wurfweiten, daher wird er häufig bei Bränden in ausgedehnten Gebäudestrukturen der Industrie, des Gewerbes aber auch bei Dachstuhlbränden angewandt. Die Effektivität eines Außenangriffes muss jedoch genau beurteilt und beobachtet werden. Zum einen kann er einer tatsächlichen Brandintensität gegenüber überdimensioniert sein und so einen unnötigen Wasserschaden hervorrufen, zum anderen verhindern nicht selten großflächig, geschlossene Dachflächen einen notwendigen Löschmitteleintritt. Gegebenenfalls muss zunächst eine Dacheindeckung geöffnet werden, bzw. ein unmittelbar bevorstehendes Durchbrennen der Dachkonstruktion abgewartet werden. Ein Wasserwerfer verfügt über eine nur eingeschränkte Agilität und kann daher nur schwerlich auf dynamische Entwicklungen adäquat reagieren, deshalb sollte sein Einsatz nur so lange dauern, bis die Situation (wieder) mit handgeführten Rohren beherrschbar ist. Ein massiver, lang andauernder Löscheinsatz kann die statischen Eigenschaften eines Gebäudes nachteilig verändern und schlimmstenfalls zu einem Versagen von Gebäudeteilen oder gar einem Gesamteinsturz führen.

Merke:

Ungefähr 60 % des eingebrachten Löschwassers über einen Wasserwerfer fließen ungenutzt am Brand vorbei und produzieren so einen Wasserschaden von mehreren 100 Litern/Minute!

Einsatzgrundsätze Brandbekämpfung »Groß«:

- Gefährdungen für Einsatzkräfte im Gebäudeinneren ausschließen, daher einen Einsatz des Wasserwerfers nur durchführen, wenn sich keine Personen im Wirkbereich oder unterhalb von Brandgeschossen befinden.
- Enge Kommunikation zu im Innenangriff vorgehenden Kräften und der Einsatzleitung.
- Ausreichenden Abstand zum Brandobjekt einhalten.
- Trümmerschatten beachten.
- Bei Lagerhallen, Aufstellung an Gebäudeecken.
- Wärmestrahlung nicht unterschätzen.
- Wurfweiten ausnutzen (Sicherheit und Schutz).
- Belastung des Leitersatzes während des Wenderohreinsatzes beachten.
- Gesicherte Wasserversorgung beachten.
- Laufende Untergrundkontrollen durchführen.

Faustformel:

Der Sicherheitsabstand sollte immer das 1,5-fache der Gebäudehöhe betragen. Bei einer Gebäudehöhe von 10 Metern liegt der abzusperrende Bereich in einem Radius von 15 Metern.

Merke:

Über eine Feuerlöschpumpe dürfen nicht gleichzeitig ein Wasserwerfer und Einsatzkräfte im Innenangriff versorgt werden. Die individuell erforderlichen Strahlrohrdrücke sind nicht kombinierbar und können zu einer Beeinträchtigung der

> Lieferleistung eines Wasserwerfers oder zu Gefährdungen für die eingesetzten Atemschutztrupps führen.

Achtung:

Bei Einsätzen im Bereich von Hoch- und Tiefbaustellen können besondere Gefahrenmomente vorhanden sein. Ein ungeeigneter Untergrund gefährdet die Standsicherheit eines Hubrettungsfahrzeuges. Unterschiedlich verdichtete Bodenflächen oder Abbruchkanten an Gruben und Baulöchern beachten. Aufgrund arbeitstechnischer Abläufe können in verschiedenen Bereichen und Höhen einer Baustelle temporär vorgehaltene brennbare Stoffe oder Druckgasflaschen eine zusätzliche Brand-, Explosions- und Berstgefahr darstellen.

7.3   Einsatzmöglichkeiten

Über die Ergreifung direkter Brandbekämpfungsmaßnahmen hinaus können über Hubrettungsfahrzeuge auch eine Reihe unterstützender Tätigkeiten ausgeführt werden, die den Verlauf eines Gesamteinsatzes positiv beeinflussen können. Die Einsatzmöglichkeiten von Hubrettungsfahrzeugen im Brandeinsatz sind vielfältig. Ihr genereller Nutzen liegt im einfachen Überwinden von Höhenunterschieden, dadurch lassen sich schnell wirkungsvolle, direkte oder unterstützende Maßnahmen am Ereignisort einleiten. Eine verkürzte Eingreifzeit ermöglicht einen sparsamen und nur absolut notwendigen Einsatz von Löschmitteln oder kann gegebenenfalls einen notwendigen Zeitvorteil erbringen, wenn beispielsweise eine Brandausbreitung unmittelbar bevorsteht. Darüber hinaus bietet der Korb aufgrund seiner Bauform, mit einem umseitig verschließbaren Geländer und definierten Festpunkten zum Anschlagen von Sicherungsmaterialien gegen Absturz, eine sichere Standfläche für die Durchführung diverser Tätigkeiten an Brandstellen. Dies sind beispielsweise ein kontrolliertes Eröffnen von Dachverkleidungen unter einem erhöhten Eigenschutz aufgrund einer gleichzeitig realisierbaren Löschmittelvorhaltung (handgeführtes Strahlrohr, Kleinlöschgerät), zielgerichtete Brandbekämpfungsmaßnahmen und wirksame, wasserschadenreduzierende Nachlöscharbeiten sowie relevante Kontroll- und Unterstützungsmaßnahmen. So wird maßgeblich die Sicherheit für eingesetzte Einsatzkräfte erhöht und sollte daher gegenüber einem Stand auf tragbaren Leitern, Nachbardächern, Vorsprüngen o. ä. vorgezogen werden.

7.3.1 Alternativer Angriffsweg

Häufig werden Brandbekämpfungsmaßnahmen über vorhandene Treppenräume baulicher Anlagen vorgetragen. Ergeben Erkundungsergebnisse jedoch die Information, dass sich ein Brand auf seinen Entstehungsraum oder eine Nutzungseinheit begrenzt und gleichzeitig durch verschlossene Türen eine Abschottung zu den weiteren Gebäudeteilen gegeben ist, kann ein alternatives Vorgehen in Betracht gezogen werden. Die Zielsetzung dabei ist die Minimierung eines Rauch- und Brandschadens und das Freihalten von Flucht- und Angriffswegen von Brandrauch. Werden derartig vorgefundene Grenzen aufrechterhalten und mit Löschtrupps, Rauchschutzvorhängen und einer Überdruckbelüftung in Bereitstellung besetzt, um auf jederzeitige Lageentwicklungen reagieren zu können, kann die eigentliche Brandbekämpfung von außen, über einen alternativen Angriffsweg, vorgenommen werden. Allerdings bedarf dieses parallele Vorgehen einer hohen Koordination und einer engen Kommunikation zwischen der Einsatzleitung, Einheitsführer und den

Bild 39:   *Eröffnung einer Außenjalousie zur Unterstützung für im Innenangriff tätige Einsatzkräfte (Quelle: Feuerwehr Kreuzlingen)*

Bild 40: *Unter Zuhilfenahme einer Drehleiter wurde ein Behelfsschornstein zur gezielten Abführung von Brandrauch erstellt (Quelle: Sandro Kobelt)*

Trupps untereinander, um gegenseitige Gefährdungen auszuschließen. Von außen darf erst mit dem Löschen begonnen werden, wenn die im Innenangriff vorgehenden Einsatzkräfte ihre Positionen besetzt haben und eine Absprache mit der Korbbesatzung stattgefunden hat.

Vorgehen »Alternativer Angriffsweg«

    a) Bei einem isolierten Zimmerbrand o. ä. kann die eigentliche Brandbekämpfung von außen über ein Hubrettungsfahrzeug unter Einhaltung der

Einsatzgrundsätze Brandbekämpfung »Klein« (▶ Kapitel 7.1) durchgeführt werden. Auf die Einbindung von Kräften zur Riegelstellung im Innenangriff ist zu achten. Der Vorteil besteht insbesondere darin, den Schaden auf das tatsächlich vorgefundene Maß reduzieren zu können.

b) Besteht eine offene Verbindung vom Brandraum zu weiteren Räumen einer Nutzungseinheit, kann auch ein unmittelbar benachbarter, angeschlossener Raum von außen angefahren werden, um von dort aus die Brandbekämpfungsmaßnahmen aufzunehmen. Bereitstehende Trupps im Innenangriff übernehmen die Riegelstellung und die Funktion eines Sicherheitstrupps. Vorteilhaft ist die Beschränkung einer Verrauchung und eines Brandschadens auf die bereits betroffenen räumlichen Einheiten. Nach dem Abschluss akuter Löschmaßnahmen können auch Nachlöscharbeiten über den geschaffenen Angriffsweg ausgeführt werden. Auf diese Weise kann möglichst lange ein Öffnen von Türen zum Brandbereich hin und eine Kontaminationsverschleppung vermieden werden. Aber auch spezielle Löschsysteme (▶ Kapitel 6.2) können, je nach Situation und Bedarf, über einen alternativen Angriffsweg vorgenommen werden.

7.3.2 Einsatzunterstützung durch Hubrettungsfahrzeuge

Je nach Umfang eines Brandgeschehens werden, neben der eigentlichen Brandbekämpfung eine Reihe weiterer Einsatzmaßnahmen erforderlich, die gegebenenfalls einen direkten Einfluss auf die Entwicklung des Einsatzgeschehens nehmen können. Unter Zuhilfenahme von Hubrettungsfahrzeugen können auch an räumlich ausgedehnten oder exponierten Objekten schnell lagestabilisierende oder -unterstützende Tätigkeiten ausgeführt werden, wie beispielsweise:

- Schließen/Anlehnen geöffneter Fenster/Türen oberhalb eines Brandereignisses, um einen (weiteren) Raucheintritt in Gebäudestrukturen zu verhindern.
- Öffnen notwendiger Fenster und Türen von außen.
- Mechanisches Eröffnen von Verschattungsanlagen, Jalousien, Insektenschutzgittern o. ä. zur Vorbereitung weiterer Maßnahmen oder Unterstützung einer Anleiterbereitschaft.
- Eröffnen von Fassadenelementen.
- Eröffnen oder Erstellen von definierten Rauchabzugsöffnungen.
- Durchführung einer taktischen Ventilation (▶ Kapitel 8).

- Montierung/Verwendung von Kamerasystemen zur Einsatzstellenbeobachtung für die Einsatzleitung.
- Äußere Riegelstellung.
- Gezieltes Abführen von (Rauch-) Gasen in Form eines Behelfsschornsteines.

Die Besatzung eines Hubrettungsfahrzeuges sollte auch bei der Durchführung einsatzunterstützender Tätigkeiten mindestens die Persönliche Schutzausrüstung »Brand« anlegen, einen geeigneten Atemschutz verwenden und ggf. ausreichend Löschmittel vorhalten (Druckschlauch, Kleinlöschgerät).

Je nach Verfügbarkeit und Situation kann das Einbinden von zwei Hubrettungsfahrzeugen an einer Objektseite sinnvoll sein. Über ein Fahrzeug kann eine direkte Brandbekämpfung erfolgen, während über das weitere Hubrettungsfahrzeug unterstützende Maßnahmen ausgeführt werden. Der Bewegungs- und Arbeitsbereich der Hubrettungsfahrzeuge ist dabei freizuhalten und abzusperren, um am Boden tätige Einsatzkräfte vor den Gefahren herabstürzender Gegenstände oder Bauteile zu schützen.

Achtung:
Ein paralleles Tätigwerden von mehreren Hubrettungsfahrzeugen auf engem Raum erfordert eine enge Kommunikation, Koordination und Überwachung, um gegenseitige Behinderungen oder weitere Gefährdungen auszuschließen.

7.4   Dachstuhlbrand

Dachstuhlbrände sind ein häufiger Alarmierungsgrund. Sie stellen besondere Anforderungen an die Einsatzkräfte. Gebäudehöhen und -ausdehnungen, erschwerte Zugänge in einen Dachbereich, fehlende Öffnungen zur schnellen Abfuhr von Rauch und Wärme, eine hohe Brandlast aufgrund einer Nutzung als Wohnraum oder als Speicher und die brennbare Konstruktion selbst, erfordern eine angepasste Vorgehensweise zur Schadensbekämpfung. Daher enthalten zahlreiche Alarm- und Ausrückeordnungen ein Hubrettungsfahrzeug als festen Bestandteil einer Alarmierungskette, um auch bei Gebäuden mit einer geringen Höhe eine große Bandbreite angepasster Einsatzmaßnahmen ergreifen zu können. Dabei ist oft ein fast schon reflektorischer Einsatz eines Wasserwerfers zur direkten Brandbekämpfung zu beobachten, obwohl dies nicht zwingend primär als sinnvoll anzusehen ist. Ein wirksames, wasserschadenreduzierendes Vorgehen kann so nur schwer erzielt werden, da der größte Anteil des eingebrachten Löschwassers ungenutzt am Feuer vorbeifließt. Vorteilhafter ist es, aus der Bewertung grundlegender Kenntnisse um Bauweisen, Dachkonstruktionen und Brandphasen relevante Gefahrenschwerpunkte zuverlässig zu erkennen, um daraus notwendige und folgerichtige einsatztaktische Brandbekämpfungsmaßnahmen ableiten zu können. Im Gesamtkonstrukt ist ein »Dachstuhl« nur ein Teil eines gesamten Dachaufbaus, der grundsätzlich immer gleich gegliedert ist: Auf ein Haus wird der Dachstuhl aufgebaut, der die Unterkonstruktion für die Dachsparren bildet, auf denen wiederum die Dämmung, Dachausbauten, Dachlatten und die Bedachung aufgebracht werden.

Hintergrundwissen Dachkonstruktionen

Ein Dachstuhl wird vornehmlich aus Holz erstellt. Streben und Balken bilden die Grundlage für eine stabile Dachkonstruktion. Von der Traufe bis nach oben zum First verlaufen die sogenannten Sparren. Auf den Dachsparren werden die waagerecht verlaufenden Dachlatten fixiert, auf denen die Dacheindeckung eingebaut wird. Gegebenenfalls vorhandene Längsbalken – die Pfetten, verlaufen waagerecht zur Traufe und dem First und stützen zusätzlich die Sparren. Je nach Einbauort spricht man von einer Fußpfette, Mittelpfette oder Firstpfette. Gängige Bauweisen sind Sparrendachstuhl, Pfettendachstuhl und Kehlbalkendachstuhl.

Pfettendachstuhl

Hier liegen die Dachsparren auf den Pfetten, die von einem senkrechten Pfosten getragen werden. Standardmäßig werden zwei Fuß- und eine Firstpfette verbaut. Bei größeren Dächern werden noch Mittelpfetten mit eingezogen und die Sparren über die Firstpfette miteinander verbunden.

Sparrendachstuhl

Das Dach besteht aus paarweise angeordneten »Sparrendreiecken«, die auf mindestens zwei Punkten auf der Fußpfette aufliegen und die Last des Daches auf das Mauerwerk weitergeben. Die exakt gegenüberliegenden Dachsparren sind dabei am First miteinander verbunden.

Kehlbalkendachstuhl

Die grundlegende Konstruktion gleicht der eines Sparrendachstuhls; zusätzlich werden die Sparren in Geschossdeckenhöhe mit waagrechten Balken miteinander verbunden, dem sogenannten Kehlbalken, üblicherweise in doppelter Ausführung, der sogenannten »Zange«.

Es gibt eine Vielzahl an Dachkonstruktionen, die sich in Form, Ausdehnung und Bauart unterscheiden; allesamt sind sie im Alltag verschiedenen Verkehrslasten und den Naturkräften ausgesetzt (Schnee- und Eislasten, starker Winddruck). Ein Brandgeschehen stellt eine zusätzliche Beanspruchung dar und kann die Möglichkeit eines Konstruktionsversagens erhöhen. Bei fortschreitender Branddauer können zusätzlich noch die Seitengiebel eines Hauses an Halt verlieren und einsturzgefährdet sein.

Im Gewerbe- und Supermarktbau, aber zunehmend auch im Wohngebäudebau finden mittels Nagelplattenbindern verbundene Dachkonstruktionen Verwendung. Der Erkundung ist daher ein entsprechend hoher Stellenwert beizumessen, um derartig besondere Gefahren zuverlässig erkennen zu können. Ein gutes Hilfsmittel dabei ist der Einsatz einer Wärmebildkamera.

7.4.1 Brandphasen/Brandphänomene

Es wird zwischen einem Brand mit intakter Dachhaut (geschlossener Dachstuhlbrand) oder einem Feuer mit durchgebrannter/eröffneter Dachhaut (offener Dachstuhlbrand) unterschieden. Aufgrund eines fehlenden Rauch- und Wärmeabzugs sowie einem massiven Einbau wärmedämmender Materialien entwickeln sich bei einem geschlossenen Dachstuhlbrand sehr hohe Temperaturen im Dachbereich. Grundlegend lassen sich drei häufig wiederkehrende Phasen bei einem Brand innerhalb von Dachkonstruktionen beobachten.

- 1. Phase: Ausbreitung des Brandes
- 2. Phase: Aufbrennen der Dachhaut (ggf. mit einer Rauchgasdurchzündung)
- 3. Phase: Vollbrand

Zur Einleitung folgerichtiger Einsatzmaßnahmen ist das Erkennen und Wahrnehmen dieser Phasen von zentraler Bedeutung. Die Individualität des Einsatzgeschehens wird jedoch nicht immer eine klare Abgrenzung möglich machen und auch abweichende Brandverläufe ergeben.

1. Phase – Ausbreitung des Brandes

Die Gefahr einer Brandausbreitung ist bei jedem Schadenfeuer gegeben. I. d. R. ist sie, aufgrund der herrschenden Thermik, oberhalb einer Brandausbruchstelle am größten. Ist die Dachfläche noch nicht durchgebrannt oder eröffnet worden, kann die Wärme nicht ungehindert nach oben entweichen. Daher muss besonders auch auf eine seitliche Ausbreitung zu anderen Gebäudeteilen oder restlichen Dachbereichen hin geachtet werden. Einen besonderen Fokus bedürfen Doppel- oder Reihenhausanlagen, da sie standardmäßig mit durchgehenden Balkenlagen erstellt werden und somit Giebelwände keine brandschutztechnische Abtrennung darstellen. Ein Brand kann sich schnell und ungehindert auf andere Hausabschnitte ausbreiten.

2. Phase – Aufbrennen

Ein massiver Wärmestau aufgrund nicht vorhandener Abluftöffnungen unterhalb des Dachfirstes oder ein fortgeschrittenes, ausgedehntes Brandereignis an der Dachkonstruktion können zu einem sogenannten »Aufbrennen« führen. Beginnend mit den Dachlatten verbrennt die weitere Konstruktion des Dachstuhls bis hin zum totalen Versagen. Die Ziegeleindeckung verliert ihren Halt, fällt herab und die Holzständerkonstruktion bricht in großen Teilen ein, das Feuer kann frei nach außen dringen. Es gibt allerdings kein typisches äußeres Anzeichen für ein bevorstehendes »Aufbrennen«. Indikatoren für einen bevorstehenden Einsturz können eine ca. 15 bis 30-minütige massive Brandeinwirkung auf die Konstruktionselemente und eine eintretende charakteristische Rauchentwicklung sein. Mögliche Anzeichen für ein bevorstehendes »Aufbrennen«:

- Rauch drückt auf großer Fläche und mit besonderer Rauchmusterung zwischen den Ziegeln durch (»Rauchstreifen« oder »Rauchgitter«).
- Rauch nimmt wieder über dem Dach an Volumen zu und steigt langsam auf.
- Rauchfarbe ist häufig hellgrau.
- Dunklere, deutlich schnellere Rauchfahnen aus den relativ hellen Rauchwolken heraus sind ein deutliches Warnsignal.

Achtung:

Massive Dämmschichten können allerdings zu einer geringen oder kaum wahrnehmbaren Rauchentwicklung führen.

Insbesondere bei einem geschlossenen Dachstuhlbrand kann auch der Effekt einer »Flammenverlängerung[3]« auftreten und stellt ein deutliches Anzeichen für einen stark fortentwickelten Brand hinter der Austrittöffnung dar. Von einer Flammenverlängerung geht eine erhebliche Ausbreitungsgefahr auf die Umgebung aus.

---

3 Bei unzureichender Sauerstoffzufuhr können sich die aus den Öffnungen austretenden Flammen verlängern, da sie den für die Verbrennung benötigten Sauerstoff der Umgebungsluft entnehmen.

Bild 41: *Zunehmende Anzeichen bei einem Dachstuhlbrand, die auf ein Aufbrennen der Dachkonstruktion hindeuten können. (Quelle: Feuerwehr Luzern)*

Zusatzinformation:

Die Abbrandrate von Holz beträgt ca. 0,5 bis 1 cm pro 10 Minuten. Eine Dachlatte verfügt i. d. R. nach ca. 15 bis 30 Minuten Brandeinwirkung nur noch über die Hälfte des ursprünglichen Querschnitts, nach weiteren 15 bis 30 Minuten ist sie vollständig verbrannt. Bei Sparren und Pfetten ist nach 25 bis 50 Minuten mit einer Halbierung des Querschnitts zu rechnen.

Die Gefahr einer bevorstehenden Rauchgasdurchzündung[4] bei Bränden innerhalb von Dachkonstruktionen ist nicht zuverlässig zu erkennen. Ein Hinweis kann eine plötzlich schnellere, dunklere Rauchentwicklung mit Verwirbelungen (pulsierende, lokomotivartige Erscheinung) an der Rauchaustrittöffnung sein. Bei fehlenden Öffnungen dringt der eher bräunlich/gelblich gefärbte Rauch aus.

---

4   Stichflammenbildung in der Rauchgasschicht

3. Phase – Vollbrand

Hat das Feuer auf die gesamte Dachkonstruktion übergegriffen, wird im weiteren Verlauf eine Brandausbreitung nach unten hin, über Treppenräume, Öffnungen, durchgebrannte Böden o. ä., stattfinden. Durch die starke Wärmestrahlung von offenen Flammen besteht die unmittelbare Gefahr, dass sich der Brand auf weitere benachbarte Häuser ausbreitet. Hier ist besondere Achtsamkeit notwendig und notwendige Riegelstellungen sollten erstellt werden.

Achtung:

Windrispen[5] sind im Brandfall kritische Punkte. Innerhalb von 20 bis 40 Minuten sind die Befestigungsnägel bereits zur Hälfte ausgebrannt! Instabilitäten, insbesondere zu den Seiten hin, sind die unmittelbare Folge. Auch Giebelwände verlieren ihre Stabilität. Trümmerschatten freihalten und absperren!

7.4.2 Brandbekämpfung

Das Ziel sollte es sein, ein Feuer im Dachstuhl innerhalb der ersten 20 Minuten nach Brandausbruch unter Kontrolle zu bekommen, um ein Aufbrennen, Vollbrand oder einen Einsturz verhindern zu können. Die Auswahl des richtigen Vorgehens und die Wahl eines geeigneten Löschmittels wird vielerorts unterschiedlich gehandhabt, jedoch ist ein genereller Wenderohreinsatz über ein Hubrettungsfahrzeug oft unangebracht, insbesondere wenn die Dachhaut noch geschlossen ist, macht ein derartiges Vorgehen keinerlei Sinn. Ebenso ist eine Kühlung des Dachstuhls durch eine intakte Dacheindeckung hindurch nicht möglich.

Geschlossener Dachstuhlbrand

Das standardmäßige Vorgehen bei einem geschlossenen Dachstuhlbrand beinhaltet zunächst die Vornahme handgeführter Strahlrohre über einen Treppenraum in den Dachbereich, um eine direkte Brandbekämpfung vornehmen zu können, da in dieser Einsatzphase ein primärer Außenangriff mit einem Wenderohr über ein Hubrettungsfahrzeug keinen wirksamen Löscherfolg erzielen kann. Eine Brandausbreitung auf die Nachbarbebauung, beispielsweise bei Wohngebäuden in geschlossener Bauweise, Doppelhaushälften oder Reihenhausanlagen, muss durch innere und äußere Riegel-

---

5   Windrispen sind quer über die Sparren genagelte Stahlbänder, die ein seitliches Umkippen der Sparren verhindern sollen.

stellungen, sowie einer engmaschigen Kontrolle noch unbetroffener Bereiche verhindert werden. Über ein Hubrettungsfahrzeug können nach Absprache mit den Führungsebenen und den im Innenangriff vorgehenden Einsatzkräften einsatzunterstützende Maßnahmen, beispielsweise eine äußere Riegelstellung, vorgenommen werden.

Offener Dachstuhlbrand

Ist die Dachhaut bereits durchgebrannt, besteht eine große Ausbreitungsgefahr auf die Umgebung. Ein qualifizierter Außenangriff, ausgeführt über ein Hubrettungsfahrzeug mit einem leistungsfähigen C-(Hohl-)Strahlrohr und Sprühstrahl, kann hier sinnvoll sein. Der Einsatz eines Wenderohres ist gegenüber dem Brandgeschehen überdimensioniert und unangebracht, da es einen Durchfluss von mehr als 1 000 l/min aufweist, im Idealfall aber nur ca. 40 % des aufgebrachten Löschwassers verdampft. Die restliche Menge verursacht somit einen Wasserschaden von mindestens 600 l/min! Weiter kann bei der Wasserabgabe über ein handgeführtes Strahlrohr aus dem Korb das Löschwasser gezielt auf die einzelnen Brandherde aufgebracht werden, eine Gefährdung im Innenangriff befindlicher Trupps kann so vermieden werden. Ist aufgrund eines intensiven Brandgeschehens ein Vorgehen in den Dachbereich nicht mehr möglich, muss mittels einer inneren Riegelstellung eine weitere Ausbreitung in darunter befindliche Bereiche verhindert werden. Gegebenenfalls kann das kontrollierte Eröffnen der Dachhaut erforderlich sein. Im weiteren Verlauf ist das Geschoss unter dem Dachstuhl auf einen möglichen Branddurchbruch durch die Decke zu kontrollieren.

Achtung:

Das Öffnen von Dacheindeckungen muss unter Sicherstellung des Brandschutzes (Wasser am Rohr), geeigneter Position des Korbes, vollständig angelegter Schutzausrüstung »Brand«, Atemschutz und einem geeigneten, möglichst gegen Herunterfallen gesicherten Brechwerkzeuges erfolgen.

Merke:

Bei Bränden in der Dachkonstruktion von Wohngebäuden wird ein Wenderohr möglichst nicht eingesetzt.

Bild 42:   *Löschmaßnahmen über ein Hubrettungsfahrzeug bei geschlossener Dachhaut können keinen Löscherfolg erzielen. (Quelle: Pixabay)*

Wesentliche Erkundungen, Gefahren und Maßnahmen bei einem »Dachstuhlbrand«:

- Gefährdung von Personen? Menschenrettung einleiten!
- Brandbereich und mögliche Ausbreitungsrichtung?
- Vorbranddauer? Schaden an der Konstruktion? (Teil-)Einsturzgefahr?
- Einsatzschema für Hubrettungsfahrzeuge anwenden.
- Innenangriff favorisieren.
- Nur so viel Wasser, wie wirklich nötig (Löschwirkung feststellen)!
- Dach öffnen (Entlastungsöffnung für Wärme und Rauch)!
- Lüfter einsetzen!
- Freilegung nicht betroffener Dachflächen beidseitig des brennenden Bereichs vornehmen!
- Tragende Bauteile/Knotenpunkte schützen!
- Dachständer (elektrische Zuleitungen, Antennen usw.) beachten!
- Herunterfallende Ziegel, Aufbauten o. ä. beachten!
- Abrutschen von Bauteilen beachten (PV-Anlage etc.)!
- Mögliche Brandausbreitung durch Treppenräume, Lüftungsleitungen/ Durchbrüche prüfen!
- Durchbrennen des Bodens? Ausbreitungsgefahr!

Nachlöscharbeiten

Können Bereiche des Daches nicht mehr betreten werden, können Nachlöscharbeiten auch von außen, aus dem Korb eines Hubrettungsfahrzeuges heraus, durchgeführt werden. Durch die Verwendung eines D-Strahlrohrs, einer Wärmebildkamera und Brechwerkzeugen können Brandnester gezielt aufgespürt, freigelegt und abgelöscht werden. Ein weiterer Wasserschaden kann so reduziert werden. Dabei ist auf die Verwendung geeigneter Schutzkleidung und Atemschutz zu achten. Nach dem Abschluss von Nachlöscharbeiten kann das Aufbringen einer Notbedachung eine Folgemaßnahme für die Besatzung von Hubrettungsfahrzeugen sein.

Literatur-Tipp:

Björn Liedtke: Hubrettungsfahrzeuge im technischen Hilfeleistungseinsatz, Verlag W. Kohlhammer, Stuttgart, 2021.

7.5 Photovoltaik- und Solaranlagen

Eine Photovoltaik-Anlage (PV-Anlage) besteht aus einzelnen, miteinander verschalteten Solarzellen, die zu eingerahmten oder rahmenlosen Modulen zusammengefasst werden, in denen aus Licht Gleichstrom erzeugt wird. Häufig werden derartige Module in großen zusammenhängenden Flächen auf Dächern verschiedener Immobilien des Gewerbes, der Industrie, der Landwirtschaft und auf Privatimmobilien aufgebaut (sogenannte Aufdachanlagen). Bauart-technische Sonderlösungen stellen PV-Anlagen dar, die in Hausfassaden (»Fassadenanlagen«) oder in die Dachhaut (Dachziegel o. a. Formteile) integriert sind. Die PV-Module sind in der Regel mit einer ein- oder zweilagigen Unterkonstruktion aus Aluminiumprofilschienen fest mit den Dachsparren verschraubt. Zusätzlich werden Dachhaken als weitere Sicherung verbaut. Bei einer Indachmontage werden die Elemente direkt mit den Sparren verschraubt.

Über einen photovoltaischen Effekt wird in ihnen aus einem Lichteinfall elektrische Spannung erzeugt und über zusammengefasste Leitungen zu einem Wechselrichter geleitet, der eine Umwandlung in Wechselstrom vornimmt. Die Entnahme des eigenen Bedarfs und eine Einspeisung in das öffentliche Stromnetz werden so ermöglicht. Die Kabel und Komponenten einer Photovoltaikanlage zwischen den

Modulen und dem Wechselrichter führen immer elektrische Spannung, sobald auch nur geringfügig Licht auf die Solarmodule trifft. Diese Spannung lässt sich nicht komplett abstellen.

Im Brandfall brennen die Module in der Regel von unten durch, das Einscheiben-Sicherheitsglas zerspringt wie bei einem Kraftfahrzeug und die Glasteile stürzen dann in die Dachkonstruktion. Schmelzen die Profilschienen nicht weg, bleiben sie meist in ihrer Position. Bei einer an einer Fassade oder an Überbauten montierten PV-Anlage, kann eher ein Absturz von Modulreihen erfolgen, daher Trümmerschatten beachten und absperren. Brände in Dachkonstruktionen o. ä., die von einer aufgebrachten PV-Anlage überdeckt werden, sind von außen schwer erreichbar und einsehbar, sie können sich durch einen Kamineffekt auf andere Gebäudeteile ausbreiten. Es ist nicht ratsam die Module von außen aufzutrennen, um an ein darunterliegendes Feuer zu geraten oder um Energieöffnungen zum Abzug von Feuer und Rauch zu schaffen. Bei einer Zerstörung der Module kann die elektrische Spannung über die Metallkonstruktion auf andere Bauteile »verschleppt« werden. Bei noch intakter Dachhaut

Bild 43:   *Aufwendiger Einsatz bei einem Brand eines Dachstuhls und den darüber befindlichen PV-Modulen (Quelle: Ralph Meyer)*

kann, je nach Situation, in Erwägung gezogen werden, einzelne Modulteile durch eine Elektrofachkraft abmontieren zu lassen. Dies wird allerdings sicherlich nur in Einzelfällen möglich sein.

Gefahren und Schutzmaßnahmen bei PV-Anlagen:

1. Gefahren durch Elektrizität:

   Schutzmaßnahmen:

   - Verhalten und Maßnahmen gemäß DIN VDE 0132 einhalten.
   - Mindestens einen Meter Abstand zu potenziell spannungsführenden Teilen einhalten. Auch benachbarte, metallische Konstruktionen beachten.
   - Leitungen und sonstige Anlagenteile nicht berühren.
   - Regeln für die Anwendung von Löschmitteln gemäß DIN VDE 0132 beachten.
   - Schaltvorgänge an der Anlage oder Trennen von PV-Modulen nur durch Elektro-Fachpersonal durchführen lassen.
   - Gefahren durch eventuell eindringendes Löschwasser in elektrische Anlagen beachten.
   - Überflutete Bereiche: Abstand halten und leitfähige Teile nicht berühren.

2. Gefahren durch Atemgifte:

   Schutzmaßnahmen:

   - Umluftunabhängigen Atemschutz einsetzen.
   - Lüftungsanlagen abschalten.
   - Personen aus den betroffenen Bereichen führen.

3. Gefahren durch Einsturz/zusätzlich herabfallende Teile:

   Schutzmaßnahmen:

   - Absturzbereich absperren und freihalten.
   - Erhöhte Dachlast beachten.

Vorgehen beim Löschen einer PV-Anlage

Trotz anliegender Spannung ist das Löschen eines Brandes unter Einhaltung der allgemeinen Einsatzgrundsätze und den Vorgaben zu Löschmitteln und Abständen nach der DIN VDE 0132 (▶ Kapitel 5.5) möglich. Es sollten weitere Informationen über die Anlage, das Brandgeschehen, den Standort des Wechselrichters und eines feuerfesten Notausschalters (Trennschalter) eingeholt werden. Aufgrund der Elektrizität sollten sicherheitshalber überflutete Bereiche gemieden und ein Sicherheitsabstand von mindestens einem Meter zu potenziell spannungsführenden Anlageteilen eingehalten werden.

Stromlos schalten der Anlage im Einsatzfall

Die Unterbrechung einer Stromversorgung über den Sicherungskasten des Hauses reicht nicht aus, um im Brandfall eine Stromschlaggefahr zu vermindern, da die PV-Module über einen Lichteinfall permanent Strom produzieren. Es kann ein Trennschalter installiert sein, dessen Betätigung dafür sorgt, dass in den Leitungen hinter dem Wechselrichter kein Strom mehr fließt. Aufgrund beschädigter Module können sich gefährliche Lichtbögen entwickeln. Es ist in der Regel nicht möglich eine vorherrschende Spannung von einem Hubrettungsfahrzeug aus von außen zu deaktivieren, da in den meisten Fällen eine Verkabelung unter den Modulen und innerhalb der Dachstruktur verläuft. Gegebenenfalls kann eine außen verlegte Gleichstromleitung oben am Dach erreicht und durch eine Elektrofachkraft getrennt werden. Allerdings muss dann eine Abschaltung gemäß den Sicherheitsregeln durchgeführt werden. Besser ist es, bei allen Maßnahmen und Löscharbeiten die gebotenen Sicherheitsabstände bei Niederspannung (AC 1 000 V/DC 1 500 V) einzuhalten!

Achtung:

Ein Abdecken oder Beschäumen der Module als Maßnahme zur Spannungsfreischaltung ist ungeeignet. Eine gewaltsame Zerstörung von Solarmodulen führt nicht zu einer Abschaltung der elektrischen Spannung. Andere Anlagenteile könnten durch Kurzschlüsse, Lichtbögen etc. eine Gefahr für die Einsatzkräfte bedeuten. Ein Betreten der Module darf nicht erfolgen.

Folgemaßnahmen

Mögliche Gefahrenbereiche bleiben abgesperrt und die Einsatzstelle wird dem Betreiber und/oder anderen Behörden mit dem Hinweis, dass ein Solarfachbetrieb die Photovoltaikanlage überprüfen und wieder in einen sicheren Zustand versetzen muss, übergeben.

Praxis-Tipp:

Steht bei der Alarmierung bereits fest, dass es sich um einen Einsatz in Verbindung mit einer PV-Anlage handelt, sollte eine elektrotechnische Fachkraft zur Einsatzstelle beordert werden.

7.6   Brände in Gebäuden

Durchschnittlich werden pro Jahr rund 220 000 Brände und Explosionen durch Feuerwehren bekämpft. Die allermeisten davon ereigneten sich im Bereich von Haus und Wohnungen des privaten Lebensbereiches. Die häufigsten Brände entstehen durch die Einwirkung großer Hitze, offenes Feuer und Elektrizität auf brennbare Stoffe. Unter den verursachenden Elektrogeräten liegt nach dem Kieler Institut für Schadenverhütung und Schadenforschung e. V. (IFS) der Wäschetrockner auf Platz 1, gefolgt von Kühlgeräten, Geschirrspülern und Waschmaschinen. Viele Brände wären vermeidbar, wenn entsprechend aufmerksam mit potenziellen Gefahrenquellen umgegangen werden würde. Die meisten Brände ereignen sich im Bereich von Küchen, beispielsweise durch vergessene Töpfe auf dem Herd oder einem, an einer heißen Quelle abgelegten Geschirrtuch. Aufgrund der Häufigkeiten von Bränden in Gebäuden haben sich vielerorts Standard-Einsatzregeln für ein einheitliches Vorgehen etabliert. Diese planerische Vorarbeit kann helfen, durch eine grundlegende Aufgaben- und Maßnahmenverteilung, die sogenannte Chaosphase zu reduzieren. Allerdings enthalten nur wenige Regeln konkrete Anordnungen für die Besatzung eines Hubrettungsfahrzeuges. Dieser Umstand führt häufig dazu, dass ein vor Ort verfügbares Fahrzeug nicht aktiv in ein Einsatzgeschehen eingebunden wird. Ein offensiveres Benennen direkter und unterstützender Einsatzmaßnahmen in den Standardregelwerken wird zu einer erweiterten Nutzung einer Drehleiter oder einer Hubarbeitsbühne beitragen. Regelmäßige Schulungen vernetzen die Kenntnisse um Möglichkeiten und Erfordernisse, eine Verwendung wird dadurch eher in Erwägung gezogen. Entsprechende Flächen für das in Stellung bringen eines Hubrettungsfahrzeuges werden konsequenter vorbereitet und freigehalten. Auch die optionale Erstellung eines alternativen Angriffsweges rückt, als wiederkehrende zu prüfende Regelmaßnahme, mehr in den Fokus. Insbesondere Feuerwehren ohne eigenes Hubrettungsgerät oder ersteintreffende Kräfte können von einer derartig klaren Regelung profitieren und eine proaktive Einsatzvorbereitung einleiten. Die Art, Nutzung und Bauweise eines Objektes kann spezielle Anpassungen an Maßnahmen zur Schadenbekämpfung erforderlich machen.

Grundlegende Einsatzmaßnahmen »Erstphase« Brand im Gebäude:

- Ausführliche Erkundung durchführen (Art, Nutzung, Bauweise, Stellflächen).
- Geschosse kontrollieren, kontrollierte Räume kennzeichnen lassen.
- Räumung veranlassen/Vollzähligkeit prüfen.

> - Fluchtwege aus Gebäude, insbesondere aus dem Bereich über dem Brandgeschoss sicherstellen (Bereitstellung Hubrettungsfahrzeuge, Flächen freihalten).
> - Mögliche Menschenrettung/Anleiterbereitschaft vorsehen.
> - Rauchausbreitung über
>   - Treppenraumtüren/Rettungswegen,
>   - Installations-/Lüftungsschächten,
>   - und Müllabwurfschächten beachten.
> - Treppenraum entrauchen/rauchfrei halten. Rauch-, Wärme- und Abzugsanlagen (RWA) öffnen, ggf. Abluftöffnung über ein Hubrettungsfahrzeug erstellen lassen.

7.6.1 Hohe/ausgedehnte Gebäudestrukturen

Brände in Hochhäusern oder weit ausgedehnten, zusammenhängenden Baukörpern stellen besondere Herausforderungen an die Feuerwehren. Auf eng konzentrierter Fläche können durch Brandereignisse viele Menschen gefährdet sein – auch in noch nicht direkt vom Brand betroffenen Wohneinheiten. Das schnelle Erreichen, die Eingrenzung eines Brandherdes und das Ablöschen erfordern ein personal- und materialintensiveres Vorgehen gegenüber Schadenfeuern in Baukörpern geringerer Ausgestaltung. Der erforderliche Zeitfaktor bis zur Wirksamkeit eingeleiteter Maßnahmen nimmt, aufgrund weiter Wege und zu überwindenden Höhen zu. Daher müssen bei der Erstellung eines Hochhauses viele bauseitige Vorgaben erfüllt werden (beispielsweise nach der Musterhochhausrichtlinie). Allerdings sind in der Regel keine vordefinierten Stellplätze für Hubrettungsfahrzeuge vorgesehen, da Rettungswege bauseitig sichergestellt werden und Maßnahmen zur Bekämpfung eines Brandes das einsatztaktische Vorgehen eines Innenangriffs vorsehen. Dennoch kann es sinnvoll sein, einen möglichen Einsatz eines Hubrettungsfahrzeuges vor Ort, ggf. auch als Festlegung in einer örtlichen Standard-Einsatzregel, zu überprüfen. Optionale Einsatzmaßnahmen über ein Hubrettungsfahrzeug sind:

- je nach Erreichungsmöglichkeit, die Erstellung eines Alternativen Angriffsweges,
- mögliche, schnelle Eindämmung eines Flammenüberschlags auf eine weitere Etage,
- schneller und kräftesparender Transport von Einsatzkräften zum Ereignisbereich,
- einfache Bestückung eines Materialdepots unterhalb der Brandetage,

- Zubringer von Löschwasser, bspw. bei nicht nutzbaren Wandhydranten,
- ggf. Durchführung einer taktischen Ventilation von außen.

Bild 44:   *Kombinierter Einsatz von zwei Drehleitern: Ein Fahrzeug führt direkte Brandbekämpfungsmaßnahmen aus, über die zweite Drehleiter können schnell und kräfteschonend Personal, Material und eine Löschwasserversorgung vorgebracht werden. (Quelle: Schutz und Rettung Bern, Berufsfeuerwehr)*

Material und Einsatzkräfte können schnell über ein Hubrettungsfahrzeug in die Nähe einer höher gelegenen Ereignisetage, bzw. direkt zum Einsatzort gebracht werden. Vorteilhaft sind dabei der Erhalt der körperlichen Leistungsfähigkeit durch die Einsparung langer, kräftezehrender Anmarschwege und ein frühes Einleiten notwendiger Einsatzmaßnahmen zur Eindämmung eines Schadenfeuers. Allerdings können moderne gestalterische Fassadenelemente, Doppelfassaden, massive Bauausführungen und nicht zu öffnende Fenster die Durchführung von äußeren Einsatzmaßnahmen erschweren oder sogar unmöglich werden lassen. Das Einschlagen von Verglasungen oder Eröffnen von Teilbereichen der Außenfassade kann sich schwieriger als erwartet erweisen. Daher ist es empfehlenswert, einen parallel stattfindenden Innenangriff einzuleiten.

Achtung:

Herabstürzende Glasscherben und Fassadenteile gefährden Einsatzkräfte am Boden. Durch herrschende Windverhältnisse können sie auch über weite Strecken hinweg getragen werden. Ein Zerstören darf nur mit Absprache der Einsatzleitung erfolgen. Gefahrenbereiche müssen großräumig abgesperrt und frei von Personen und Gerät gehalten werden.

Eine über ein Hubrettungsfahrzeug vorgesehene taktische Ventilation muss genau geplant und auf ihre Durchführbarkeit hin geprüft werden. Dabei spielt die Berücksichtigung von sich verändernden Strömungspfaden, eine mögliche Zunahme der Brandintensität oder ein herrschender Winddruck eine zentrale Rolle (▶ Kapitel 8).

Praxis-Tipp:

Örtliche Vorplanungen für besondere Objekte hinsichtlich möglicher Stellplätze für Hubrettungsfahrzeuge können die Entscheidung über die Einbindung eines Fahrzeuges in das Einsatzgeschehen positiv beeinflussen.

Exkurs: Definition und Besonderheiten Hochhaus

Die Definition eines Hochhauses wird in der Musterbauordnung – MBO – Fassung November 2002, zuletzt geändert durch Beschluss der Bauministerkonferenz vom 22./23.09.2022 – festgelegt: »Hochhäuser sind Gebäude, in dem der Fußboden mindestens eines Aufenthaltsraums mehr als 22 m über der natürlichen oder festgelegten Geländeoberfläche liegt.« Dies entspricht bei einer üblichen Geschosshöhe einer Anzahl von neun oder mehr oberirdischen Geschossen, dabei lassen sich grundlegend zwei Hochhaustypen unterscheiden: (Büro-)Hochhäuser des Handels, des Gewerbes o. ä. Einrichtungen sowie Wohnhochhäuser, in denen Brände weit öfters vorkommen, als Feuer in Hochhäusern mit einer kommerziellen Nutzung.
Bis zu dieser Grenze sind Rettungs- und Löscharbeiten der Feuerwehr mit den gebräuchlichen Einsatzmitteln zu leisten, darüber hinaus müssen in Deutschland zusätzliche Brandschutzvorkehrungen, wie doppelt vorhandene Treppenräume bzw. die Erstellung eines Sicherheitstreppenraumes, getroffen werden. Bei Gebäuden über 60 Meter Höhe müssen zwei Sicherheitstreppenräume vorgesehen werden und es ergeben sich erhöhte Anforderungen an die Feuerwiderstandsfähigkeit von Bauteilen. Die Forderungen ergeben sich aus der Muster-Richtlinie über den Bau und Betrieb von Hochhäusern – (Muster-Hochbau-Richtlinie MHHR) Fassung April 2008* zuletzt geändert durch Beschluss der Fachkommission Bauaufsicht vom Februar 2012 – und werden überwiegend in den Bauordnungen der Länder und zusätzlichen Einzelverordnungen umgesetzt.

7.6.2 Fassadenbrände

Eine Fassade bestimmt maßgeblich das Erscheinungsbild eines Gebäudes mit. Dazu werden vielfältige Baustoffe und Bauelemente mit unterschiedlichen optischen und stofftechnischen Eigenschaften verwendet. Die bauseitigen Ausführungen variieren dabei stark und können beispielsweise als ein- oder mehrschalige, bzw. als Vorsatz- oder Vorhangfassade erfolgen. Kommt es zu Brandereignissen innerhalb einer Fassadenstruktur gilt es, möglichst früh den Brandherd zu lokalisieren und Maßnahmen zur Verhinderung einer weiteren Ausbreitung und der direkten Brandbekämpfung einzuleiten. In der Folge können dazu teils aufwendige Arbeiten notwendig werden, ggf. müssen dazu einzelne Teile oder große Bereiche einer Außenverkleidung eröffnet, entfernt bzw. auf- oder abgebrochen werden. Da der genaue Umfang des Ereignisses in der Regel noch nicht genau beurteilbar ist, empfiehlt es sich, den Einsatz von Hubrettungsfahrzeugen vorzusehen. Diese stellen den Einsatzkräften eine ausreichend dimensionierte, absturzsichere Stand- und Arbeitsfläche zur Verfügung und ermöglichen einen großen Wirkbereich vorgesehener Einsatzmaßnahmen. Eine frühzeitig vorgenommene oder angepasste räumliche Strukturierung der Einsatzstelle ist Bestandteil der Einsatzplanung, ermöglicht die Sicherstellung eines gewünschten Einsatzverlaufs und trägt maßgeblich zur Vermeidung von Gefährdungen für am Boden tätige Einsatzkräfte bei. Bevor es zur Ausführung von Einsatzmaßnahmen kommt, ist das Einrichten und Kenntlichmachen eines ausgedehnten Sicherheitsbereiches erforderlich; ggf. müssen dazu Einsatzfahrzeuge umpositioniert werden, um Beschädigungen durch herabfallende Bauelemente zu verhindern. Das Vorgehen der Besatzung eines Hubrettungsfahrzeuges kann sich dabei an den Grundsätzen einer Brandbekämpfung »Klein« orientieren. Eine Anpassung der Ausrüstung und Ausstattung mit geeigneten Werkzeugen orientiert sich dabei u. a. an der vorgefunden Fassadenstruktur und den verwandten Materialien und reicht von einfachen Handwerkzeugen bis zu maschinell betriebenen Trenn- oder Aufbrechgeräten. Unbedingt ist die Verwendung von Schutzkleidung »Brand« und ein ausreichender, jederzeit einsatzbereiter Löschmittelvorrat vorzusehen, um ein etwaiges Aufflammen oder eine Stichflammenbildung während der Eröffnungsmaßnahmen eindämmen zu können. Eine Beschaffung von Informationen über den konstruktiven Aufbau, Befestigungselemente und zu erwartende Gewichte einzelner Bauteile helfen, das folgerichtige Vorgehen abzuwägen.

Bild 45: *Brand innerhalb einer Gebäudefassade: Umfangreiche Öffnungs- und Lösch-maßnahmen unter Zuhilfenahme eines Hubrettungsfahrzeuges werden erfor-derlich. (Quelle: Kantonspolizei Thurgau)*

Achtung:

Bei Regen oder anderen widrigen Umgebungsbedingungen sind eventuelle Ein-schränkungen eingesetzter Gerätschaften nach den Herstellervorgaben zu beach-ten.

Bei ausgedehnten Objekten kann in Abhängigkeit der zur Verfügung stehenden Aufstellfläche ein kombinierter Einsatz von zwei oder mehreren Hubrettungsfahr-zeugen in Erwägung gezogen werden; hierdurch lassen sich weite Bereiche eines Einsatzobjektes abdecken, bzw. parallel erforderliche Maßnahmen durchführen.

7.6.3 Brände von Großfahrzeugen, Containern und Mulden

Rund 40 000 Fahrzeugbrände werden im Laufe eines Jahres registriert und gehören somit zur Einsatzroutine vieler Feuerwehren. Den größten Anteil nehmen dabei Schmorbrände aufgrund eines Kurzschlusses ein: ca. 15 000 davon sind tatsächliche, offene Brände. Trotz ihrer noch relativen Seltenheit können beispielsweise alternative Antriebsarten oder große Bauhöhen besondere Herausforderungen an die Einsatzkräfte stellen. Insbesondere bei Lkw, Bussen, Baugeräten, Containern o. ä. müssen bestehende Höhenunterschiede überwunden werden. Löscharbeiten werden in diesen Fällen häufig über tragbare Leitern vorgenommen, allerdings bieten diese keine dauerhaft sichere Standfläche und können zu einer schnellen Erschöpfung beitragen oder müssen ggf. öfter umgesetzt werden. Der Korb eines Hubrettungsfahrzeuges stellt eine große, absturzsichere Fläche zur Verfügung, von der aus sich flexible und effektive Löscharbeiten sowie ggf. notwendige Auftrennarbeiten durchführen lassen, wenn beispielsweise Seitenwände von Lkw, Bussen, Containern oder

Bild 46:   *Bei einem brennenden Containeranhänger wird zur sicheren Überwindung bestehender Höhenunterschiede die Brandbekämpfung über eine Drehleiter durchgeführt. (Quelle: Freiwillige Feuerwehr Pegnitz)*

Mulden durchdrungen werden müssen. Nicht benötigte Gerätschaften lassen sich leicht auf dem Korbboden abstellen und bei Bedarf wieder schnell in den Einsatz bringen. Die Anpassung einer örtlichen Alarm- und Ausrückeordnung um ein Hubrettungsfahrzeug bei Bränden von Lkw, Bussen o. ä. versetzt die Einsatzleitung in die Lage, ohne Zeitverzug wirksame Maßnahmen unter einem hohen Maß an Sicherheit für die eingesetzten Kräfte anordnen zu können.

> **Maßnahmen beim Einsatz eines Hubrettungsfahrzeuges bei Bränden von Großfahrzeugen, Containern und Mulden:**
>
> - Stellplatz in einem sicheren Bereich einnehmen (auslaufende Flüssigkeiten, Gefälle, Windrichtung).
> - Absicherung gegen fließenden Verkehr und Gefahrenbereiche absperren.
> - Betroffene Fahrzeuge gegen Wegrollen sichern.
> - Antriebsart erkunden (AUTO-Regel).
> - Gegebenenfalls Lagergut erkunden.
> - Ausbreitungen von Betriebs- und Lagergut beachten. Eindämmung und Aufnehmen vorbereiten.
> - Löschangriff aus einem sicheren Bereich einleiten: Wurfweiten von Strahlrohren und Ausladung des Hubrettungsfahrzeuges ausnutzen.
> - Ggf. zunächst Umgebung ablöschen.
> - Öffnen von Klappen/Auftrennen o. ä. nur unter »Wasser am Rohr«.

Literatur-Tipp:

Björn Liedtke: Sichern und Stabilisieren von Fahrzeugen, Verlag W. Kohlhammer, Stuttgart, 2022.

7.7 Schaumeinsatz

Löschschaum zählt neben Wasser und Löschpulver zu den Standardlöschmitteln der Feuerwehr. Er wird überwiegend bei Bränden von flüssigen oder flüssig werdenden Stoffen (Brände der Klasse »B«) eingesetzt, da dort eine alleinige Verwendung von Wasser nicht zu einem gewünschten Einsatzerfolg führt, bzw. zu einer Ausbreitung eines Brandes beiträgt. Bei Bränden fester Stoffe (»Brandklasse A«), können die

Löscharbeiten durch Netzwasser (Zusetzen von Schaummittel in geringen Dosierraten) wirksam unterstützt werden, da ein so erzeugtes Netzwasser leichter in tief liegende Schichten eindringen kann. Es lassen sich, in Verbindung mit Luft, Schwer-, Mittel-, Leicht- oder Druckluftschaum erzeugen. Sämtliche Schaumformen können im Brandfall auch über Hubrettungsfahrzeuge schnell und zielgerichtet direkt am Ereignisort ausgebracht werden. Über spezielle Schaumstrahlrohre lassen sich schnell große Mengen ausbringen, über handgeführte Strahlrohre kann aber auch ein lokaler, gezielter Schaumeinsatz erfolgen. So können Schaummittelressourcen und die Umwelt geschont und unverhältnismäßige Wasserschäden vermieden werden, da ein rascher Löscherfolg zu erzielen ist. Weiter von Vorteil ist das schnelle und sichere Erreichen schwer zugänglicher Bereiche, um wirksame Löschtätigkeiten ausführen zu können. Der Aufbau und die Durchführung eines Schaumeinsatzes über Hubrettungsfahrzeuge sollte regelmäßig geübt werden, um das richtige Vorgehen im Einsatzfall sicher beherrschen zu können.

Merke:

Generell sollte in jedem Einzelfall geprüft werden, ob das jeweilige Schadenereignis auch ohne den Einsatz von Schaummitteln erfolgreich bekämpft werden kann.

7.7.1 Zumischer und Schaumstrahlrohre

Zur Erzeugung der unterschiedlichen Schaumarten sind spezielle Armaturen oder besonderes Zubehör (Strahlrohraufsätze o. ä.) erforderlich. Über klassische Zumischsysteme können dem Löschwasser unterschiedliche Schaummittel zugesetzt werden. In einem Schaumstrahlrohr wird diesem Gemisch Umgebungsluft beigemengt und schließlich als Löschschaum ausgeworfen.

Zumischsysteme
Tragbare Zumischsysteme zum Ausbringen von Löschmitteln, die über Feuerlöschpumpen gefördert werden, sind nach DIN EN 16712-1: 2015-12 genormt. Die am häufigsten genutzten Zumischeinrichtungen sind tragbare Injektorzumischer, die das Schaummittel nach dem Venturi-Prinzip ansaugen und in einem einstellbaren Mischungsverhältnis (Zumischrate) in eine Schlauchleitung einbringen. Der Zumischer wird im Förderstrom nach der Pumpe und vor der Auswurfarmatur installiert.

Tabelle 8: *Zumischer und Dosierung*

Zumischer (Z)	Durchflussmenge (in l/min)	Schaummittel-Dosiereinrichtung einstellbar auf (in %)
Z2	200	0,1/0,5/1/2/3/4/5/6
Z4	400	0,1/0,5/1/2/3/4/5/6
Z8	800	1/2/3/4/5/6

Über die Normforderung der Zumischraten hinaus wird teilweise auch eine wählbare Zumischung von 0,2 % angeboten, da manche Schaummittel dies erforderlich machen.

Vorteile:

- einfacher Aufbau und
- einfache Handhabung

Nachteile:

- Funktion abhängig vom Druck, Gegendruck, Förderstrom und der Durchflussmenge,
- abhängig von der Viskosität des Zusatzmittels und
- hoher Druckverlust (zirka 35 bis 40 % des Eingangsdruckes).

Pumpenvormisch-Verfahren

Hier wird ein Zumischer vor der Pumpe installiert und das Schaummittel-Wasser-Gemisch läuft direkt durch die Pumpe bis hin zur Auswurfarmatur. Hierdurch werden hohe Wurfweiten erzielt, da kein Druckverlust durch eine zusätzlich eingebaute Armatur im Förderstrom besteht.

Vorteile:

- einfacher Aufbau,
- einfache Handhabung und
- differenzierte Zumischraten.

Nachteile:

- Verunreinigung der Pumpe und
- aufwendige Nachbereitung (Spülmaßnahmen).

Nebenschluss-Verfahren

Das Nebenschluss-Verfahren ist eine Abwandlung des Pumpenvormisch-Verfahrens. Der Zumischer wird an einen Pumpenausgang installiert, dessen Ableitung wieder in die Pumpe geführt wird. Das Wasser-Schaummittel-Gemisch läuft durch die Pumpe zur Auswurfarmatur. Durch das Verwirbeln des Gemischs in der Pumpe erreicht man eine sehr gute Verschäumung und hohe Wurfweiten.

Vorteile:

- einfacher Aufbau,
- einfache Handhabung und
- differenzierte Zumischraten.

Nachteile:

- Verunreinigung der Pumpe und
- aufwendige Nachbereitung (Spülmaßnahmen).

Pumpenvormischer werden auf Fahrzeugen und Containern als Einheit mit der Feuerlöschkreiselpumpe verbaut und direkt aus Vorratstanks mit Schaummittel versorgt.

Druckluftschaum

Druckluftschaum (Abkürzung: DLS), auf Englisch Compressed Air Foam (Abkürzung: CAF), ist eine spezielle Art von Löschschaum. Einem Wasser-Schaummittel-Gemisch wird bereits am Erzeugungsort (Löschfahrzeug, mobiles System etc.) Druckluft zugesetzt und komprimiert durch Schläuche gefördert. Prinzipiell besteht ein Druckluftschaumsystem aus einem Kompressor mit Kühlsystem und Separatortank, einer Feuerlöschkreispumpe, einer verstellbaren Mischkammer, einem Zumischsystem und einer Steuerungs- und Regeltechnik. Der Flüssigkeitsanteil kann bedarfsgerecht eingestellt werden, sodass entweder ein trockener Schaum mit geringem Wasseranteil oder ein nasser Schaum mit einem hohen Wasseranteil erzeugt werden kann.

Vorteile:

- guter Kühleffekt möglich,
- guter Erstickungseffekt,
- gute Eindringtiefe ins Brandgut,
- große Wurfweite,
- geringer Wasserverbrauch möglich – Vermeidung/Reduzierung eines Wasserschadens,

- leichte Schläuche,
- Flexibilität durch verschiedene Schaumarten (trocken/nass) und
- stabile und hohe Schaumqualität.

Nachteile:

- Platzbedarf der Systemkomponenten in Fahrzeugen und
- Knallgeräusche bei Schlauchplatzern (Leitungsdruck bis zu 10 bar möglich).

Ausbringen von Löschschaum

Löschschaum und Netzwasser können über verschiedene Armaturen, auch über Hubrettungsfahrzeuge, insbesondere bei schwer erreichbaren Einsatzstellen, ausgebracht werden. Die erforderliche Schaumart und benötigte Menge bestimmen dabei die Auswahl einer geeigneten Ausbringarmatur. Für eine gute Schaumqualität ist auf die Einhaltung eines optimalen Betriebsdruckes, gemäß Herstellerangaben, am Eingang der Ausbringarmatur zu achten.

Hohlstrahlrohre

Bereits über ein Hohlstrahlrohr lässt sich wirkungsvoll ein Wasser-Schaummittel-Gemisch ausbringen, entweder als Netzwasser (Zumischrate 0,1 bis 0,3 %), beispielsweise im Zuge von Nachlöscharbeiten oder als Löschschaum mit einer erreichbaren Verschäumungszahl (VZ) zwischen 3 und 7. Der Einsatzbereich lässt sich durch verschiedene Aufsatzstücke zur Erzeugung von Schwer- oder Mittelschaum erweitern. Hohlstrahlrohre ermöglichen eine hohe Wurfweite, so dass sich im Löscheinsatz über den Korb eines Hubrettungsfahrzeuges eine große Eindringtiefe ergeben kann. Nach einem Einsatz sind alle beteiligten Komponenten gründlich zu spülen.

Schaumstrahlrohre

Spezielle, tragbare Schaumstrahlrohre sind eigens zur Herstellung von Löschschaum konzipierte Strahlrohre. Grundlegend lassen sie sich in Schwer- und Mittelschaumstrahlrohre unterscheiden, zusätzlich sind aber auch noch sogenannte Kombischaumstrahlrohre erhältlich, die über ein Umschaltorgan die Erzeugung von zwei Schaumarten ermöglichen. Konstruktiv können Mittelschaumrohre über eine höhere Wurfweite verfügen: In diesem Fall werden sie mit dem Zusatz W gekennzeichnet, wobei die erhöhte Reichweite jedoch zu Lasten einer erreichbaren Verschäumung geht.

Bild 47: *Einsatz eines Schaumrohres über eine Drehleiter zum Einschäumen schwer erreichbarer Bereiche. (Quelle: Dülmener Zeitung/Kerstan)*

Tabelle 9: *Beispielhafte Kenndaten von Schwer- und Mittelschaumstrahlrohren*

Beispielhafte Kenndaten Schwer- und Mittelschaumstrahlrohre			
Schwerschaumrohr	S2	S4	S8
Durchfluss bei 5 bar	200 l/min	400 l/min	800 l/min
Verschäumungszahl	12–15	12–15	12–15
Effektive Wurfweite	23 Meter	25 Meter	33 Meter
Betriebsdruck	Ca. 3 bis 10 bar		
max. Betriebsdruck	PN 16 (16 bar)		
Einsatztemperatur	–20 °C bis +60 °C		
Mittelschaumrohr	M2	M4	M8
Durchfluss bei 5 bar	200 l/min	200 l/min	200 l/min
Verschäumungszahl	50–70	50–70	50–70
Effektive Wurfweite	7 Meter	10 Meter	13 Meter
Betriebsdruck	Ca. 3 bis 10 bar		
max. Betriebsdruck	PN 16 (16 bar)		
Einsatztemperatur	–20 °C bis +60 °C		

7.7.2 Spezielle Schaumsysteme

Neben den herkömmlichen mobilen Möglichkeiten zur Erzeugung von Löschschaum, sind eine Reihe kompakter aber auch komplexerer Varianten erhältlich, die einen schnellen, lokalen Einsatz oder ein umfassendes Einschäumen großer Bereiche ermöglichen. Zwei optionale Möglichkeiten, die sich auch über Hubrettungsfahrzeuge verwenden lassen, sollen hier benannt und aufgezeigt werden.

Schaumpistole

Mittels einer sogenannten »Schaumpistole« lassen sich leicht kleinere Schaumeinsätze bewältigen. Bauarttechnisch ist eine Schaumpistole eine Kombination aus Schaumrohr, Zumischer und einem Schaummittelbehälter. Ein direkt an dem Strahlrohr angebauter Kunststoffbehälter lässt sich leicht gegen volle Behältnisse austauschen bzw. wieder auffüllen. Die Auslöseeinrichtung zur Schaumabgabe erfolgt i. d. R. über einen Auslösehebel am Handgriff. Ein mit Mehrbereichsschaummittel gefüllter Vorratsbehälter ergibt, bei einer ca. 45 bis 50-fachen Verschäumung, eine Menge von ca. 2,5 m³ Schaum bei einer Zumischrate von ca. 3 %. Die Wurfweite beträgt dabei bis zu drei Meter.

Flexi-Foam System

Um schnell weite Bereiche mit Schaum abzudecken oder ausgedehnte Raumstrukturen fluten zu können, müssen spezielle Schaumerzeugersysteme eingesetzt werden. Das Flexi-Foam System ermöglicht eine Schaumproduktion großer Mengen direkt an der Brandstelle. Die Luft zur Schaumerzeugung wird dabei mittels Hochleistungslüfter über Spiralschläuche zugeführt und macht dadurch einen Einsatz auch unter verrauchten Umgebungsbedingungen möglich. Über die Drehzahl des Lüfters kann die Luftzufuhr und damit die Verschäumungszahl stufenlos reguliert werden.

Das Flexi-Foam System eignet sich auch für die Verwendung über ein Hubrettungsfahrzeug, wodurch eine große Abdeckbreite, Einsatzhöhe sowie Eindringtiefe erreicht werden kann. Dazu ist der Korb an den entsprechenden Wirkort zu bringen, da das System selbst keine nennenswerte Wurfweite aufweist. Die Schaumerzeugung erfolgt direkt am Korb, die Zuführung des Wasser-Schaumgemisches erfolgt dazu über herkömmliche Schlauchleitungen und vorhandene Zumischsysteme, während die Frischluft und Schaummittelversorgung über separat verlegte Leitungssysteme im Leitersatz erfolgt.

Für den Einsatz über Drehleitern oder Hubarbeitsbühnen können Geräte mit einem Durchfluss von 400 und 800 l/min eingesetzt werden.

Bild 48:   *Flexi-Foam System im Einsatz (Quelle: B. S. Belüftungs-GmbH)*

7.7.3 Einsatzgrundsätze und -möglichkeiten

Zur Gewährleistung eines erfolgreichen Einsatzes von Löschschaum müssen eine Reihe technischer und taktischer Grundsätze beachtet werden. Bei einem Einsatz über ein Hubrettungsfahrzeug unterscheiden sich dabei die einzuhaltenden Einsatzgrundsätze nicht prinzipiell von denen eines herkömmlichen Vorgehens.

Mit dem Ausbringen von Löschschaum ist grundsätzlich erst dann zu beginnen, wenn:

- ein geeignetes Schaummittel,
- eine ausreichende Menge an Schaummittel,
- eine leistungsfähige und unterbrechungsfreie Wasserversorgung sowie
- über eine ausreichende Anzahl an geeigneten Zumisch- und Ausbringarmaturen an der Einsatzstelle verfügt werden kann.

Zur Sicherstellung eines gewünschten Löscherfolges muss der Löschschaum schonend auf den brennenden Stoff aufgebracht werden. Dies unterscheidet sich grundlegend von einer direkten Brandbekämpfung mit einer dynamischen Strahlrohrführung. Problemlos lassen sich die geeigneten Aufbringungsarten von Löschschaum auch von einem Hubrettungsfahrzeug aus durchführen. Aufbringungsarten von Löschschaum:

»Auffließen«: Bei geringen Wurfweiten (Mittelschaum) bietet es sich an, sich die Fließfähigkeit des Löschschaumes zu Nutze zu machen. Von einem definierten Ansatzpunkt aus lässt man den Schaum auf das Brandgut »auffließen«, der Schaum verteilt sich anschließend von selbst über die Oberfläche bzw. wird er »aufgeschoben«.

»Abfließen«: Bei größeren Objekten (bspw. Tankanlagen oder -fahrzeugen) wird der Löschschaum über dem Objekt ausgebracht und fließt indirekt über die Formstruktur auf das Brandgut ab. Diese Ausbringmethode ist besonders sanft und bildet eine stabile Schaumschicht.

»Abregnen«: Beim »Abregnen« wird der Schaumstrahl schräg oberhalb des Brandobjektes geführt, was ein Abregnen des Löschschaumes ergibt. Diese Aufbringart geht mit hohen Schaumverlusten, zum einen durch ein Verfliegen aufgrund der Thermik und zum anderen aufgrund einer thermischen Zersetzung durch hohe Temperaturen, einher. Partikel im Brandrauch tragen zusätzlich zu einer Zerstörung bei.

Achtung:

Die Verwendung von Schaumrohren über ein Hubrettungsfahrzeug kann aufgrund der Einsatzhöhe, vieler Schlauchlängen und einem Zumischer zu massiven Druckverlusten mit einer mangelnden Schaumqualität führen. Daher sollten möglichst nicht mehr als 1–3 Leitungslängen hintereinander verwendet, bzw. die Einsatzhöhe reduziert werden, um einen Gegendruck i. d. R. < 2 bar an gebräuchlichen Z-Zumischern einhalten zu können.

Mögliche Fehlerquellen im Schaumeinsatz:

- Verwendung ungeeigneter Schaummittel,
- Betrieb außerhalb der Kenndaten,
- Komponenten entgegen der Fließrichtung verbaut,
- Durchflussmengen der Komponenten sind nicht aufeinander abgestimmt,
- Gegendruck durch fehlende Abluftöffnung,
- Komponenten nicht im einwandfreien technischen/pflegerischen Zustand,
- unzulässige Um-/Anbauten oder Veränderungen.

> **Merke:**
>
> *Umgang mit Schaummitteln:*
> - Unverdünntes Schaummittel kann aggressiv, korrosiv und entfettend wirken!
> - Benetzte Hautareale gründlich spülen!
> - Beim Umgang mit Schaummitteln entsprechende Schutzkleidung und Schutzausrüstung tragen! (Schutzhandschuhe, Schutzbrille etc.)
> - Nach dem Schaumbetrieb Schaum-/Wasserwerfer und alle Wasserleitungen mit klarem Süßwasser gründlich spülen!
> - Jeweiliges Sicherheits- und Produktdatenblatt vorhalten bzw. mitführen!

7.8 Brandbekämpfung bei markanten Wetterlagen

Sich entwickelnde markante Wetterverhältnisse oder jahreszeitliche Umgebungsbedingungen können die Durchführung von Brandbekämpfungsmaßnahmen erschweren oder zusätzlich gefährden. Daher müssen in der Einsatzplanung, -durchführung und -überwachung Wetterdaten eingeholt und berücksichtigt werden. Eine kontinuierliche Beobachtung und Bewertung von Wetterlagen ermöglichen eine frühzeitige Reaktion auf sich verändernde Gegebenheiten. Die Beachtung individueller Herstellervorgaben für den Betrieb und eine Anpassung einsatztaktischer Maßnahmen können so maßgeblich die Gefährdung für eingesetzte Kräfte und Material reduzieren. Bei zunehmenden Windgeschwindigkeiten muss beispielsweise der Abstand zum Brandobjekt vergrößert werden, um aus dem Wirkbereich von Wärmestrahlung oder Flammeneinwirkung zu gelangen. Wetterbedingte Änderungen können die Reduzierung der Ausfahrhöhe des Auslegers zur Folge haben oder einen Standortwechsel durch drohende Einsturzgefahren erforderlich machen. Alle relevanten, sich verändernden Wetterbedingungen, die eine Anpassung getroffener Maßnahmen bedeuten können, müssen von der Fahrzeugbesatzung über die etablierten Kommunikationsstrukturen an die Einsatzleitung gemeldet werden.

> **Achtung:**
>
> Wetterverhältnisse können sich plötzlich, massiv und sehr schnell verändern.

Starkregen

Bei einem Starkregen handelt es sich um intensive Niederschläge von mehr als 25 Millimeter pro Stunde; seit Jahren ist die Zunahme derartiger Ereignisse zu beobachten. Problematisch hierbei ist, wenn das abregnende Wasser nicht schnell genug im Erdreich versickern oder über ein Kanalsystem abgeführt werden kann, ist eine schlagartige Überflutung von Flächen, Straßen und Wegen die Folge. Wasser und Schlamm können zu größeren Schäden an Gebäuden, Straßen oder sonstiger Infrastruktur führen. Auch Standflächen von Hubrettungsfahrzeugen können so innerhalb kürzester Zeit überflutet werden, möglicherweise dabei unterspülte und ausgewaschene Teilbereiche gefährden die Standsicherheit des Fahrzeuges. Aus Sicherheitsgründen müssen in diesem Fall die Einsatzmaßnahmen unverzüglich beendet und eine Standortveränderung vorgenommen werden. Bereits überflutete Flächen sollten nicht als Stellplatz ausgewählt werden, da eine umfängliche Beurteilung des Untergrundes auf Schäden, Auswaschungen, Hohlräume und Belastbarkeit nicht durchführbar ist.

Achtung:

Auch durch andauernde Löschmaßnahmen kann eine Aufweichung oder Unterspülung einer Standfläche erfolgen. Daher müssen laufende Kontrollen durchgeführt werden, um Veränderungen rechtzeitig zu erkennen.

Einsatz bei Gewitter

Unwetterartige Gewitter entstehen oft sehr dynamisch und ihre Zugbahnen sind unberechenbar. Dies macht sie nur schwer vorhersehbar, genaue Prognosen zur Intensität und der Ausdehnung eines aufziehenden Gewitters sind nicht sicher möglich. In vielen Fällen gehen sie einher mit Starkregen und nicht selten mit Sturmböen oder Hagel. Zieht während eines Einsatzes ein Gewitter auf, besteht immer die Gefahr eines Blitzeinschlags in das Hubrettungsfahrzeug. Dies stellt eine massive Gefährdung für die Einsatzkräfte und das Fahrzeug dar. Aufgrund seiner Materialeigenschaften fungiert ein in die Höhe ragender Ausleger eines Hubrettungsfahrzeuges als ein idealer Blitzableiter. Grundsätzlich besteht zwar ein Potenzialausgleich zur Standfläche über die Abstützung, jedoch kann bei schlechten Verhältnissen ein Blitz auch auf das Personal unmittelbar am Fahrzeug überschlagen. Um bei einem sich annähernden Gewitter negative Auswirkungen zu vermeiden, muss frühzeitig die Entscheidung getroffen werden, einen Einsatz abzubrechen, bzw. die Einsatztätigkeit gar nicht erst aufzunehmen.

Achtung:

Von einem Einsatz eines Hubrettungsfahrzeuges bei einem Gewitter ist abzuraten!

Wind

Durch starke Windverhältnisse können dynamische Windlasten auf das gesamte Hubrettungsfahrzeug wirken und zu Schwingungen führen, die im Extremfall ein Umkippen des Fahrzeuges oder ein Abknicken des Auslegers zur Folge haben können. Daher müssen die Windverhältnisse am Einsatzort richtig eingeschätzt und laufend beobachtet werden. Insbesondere Windböen stellen eine besondere Gefährdung dar, da sie schlagartig die Richtung und die Windstärke wechseln können. Die Beurteilung der Windgeschwindigkeit muss unbedingt auch in der tatsächlichen Arbeitshöhe erfolgen, im Idealfall erfolgt eine Bestimmung durch den Einsatz fest montierter oder mobiler Windmesser. Im Anhang (▶ Anhang 3) befindet sich eine Windstärkentabelle nach Beaufort, mit deren Hilfe gemessene Werte interpretiert werden können.

Achtung:

Bei Fahrbewegungen aus windgeschützten Bereichen, beispielsweise über eine Dachkante hinweg, muss mit einem massiven Aufschwingen durch starke Böen gerechnet werden.

Die Fahrzeughersteller benennen in den Bedienungsanleitungen, in Abhängigkeit verschiedener Windstärken, explizite Handlungsanweisungen, die von Einschränkungen des Betriebs bis hin zur Einstellung von Einsatztätigkeiten reichen können.

Achtung:

Eine Kombination von Rückkräften eines Löschmittelstrahls und starken Windlasten kann besondere Gefährdungen entstehen lassen.

Eine sich windbedingt verändernde Rauchentwicklung kann temporär oder andauernd zu Sichtbehinderungen führen. Unter Umständen ist dadurch ein zielsicheres und wirkungsvolles Aufbringen von Löschmitteln, sowie ein zuverlässiges Erkennen von Hindernissen oder sich verlagernder Gefahrenmomente unmöglich. Gegebenenfalls ist dann in enger Kommunikation mit weiteren Kräften zu prüfen, ob ein vorsichtiges Verfahren des Korbes zur Einnahme einer besseren Position eingeleitet werden kann. Starke Winde können zu sich verändernden Strömungsverhältnissen innerhalb eines Brandobjekts beitragen. Ein primär in einem ausreichenden Abstand zum Brandobjekt positioniertes Fahrzeug kann so plötzlich in den Wirkbereich von sich verlängernden Flammenzungen geraten.

Bild 49: *Der Ausleger gelangt plötzlich in den Wirkbereich sich verlängernder Flammenzungen. (Quelle: Spaeth und Schmitt)*

Exemplarische Hinweise, Herstellervorgaben und allgemeine Empfehlungen für den Betrieb eines Hubrettungsfahrzeuges bei Wind:

- Durch hohe Windlast kann die Drehleiter in Schwingungen geraten und kippen.
- Der Leitersatz kann abknicken.
- Windgeschwindigkeit auf Arbeitshöhe beachten.
- Hinweise für verschiedene Windgeschwindigkeiten beachten.
- Einsatz bei zu hohen Windgeschwindigkeiten abbrechen.
- Starker und besonders böiger Wind kann plötzliche, starke Leiterbewegungen verursachen. Personen im Korb oder auf der Leiter können den Halt verlieren!
- Drehleiter breit abstützen.
- Bei windiger Witterung die Windgeschwindigkeit ständig überwachen.
- In größerer Höhe steigt die Windgeschwindigkeit oft erheblich. Beim Bewegen der Leiter auf Böen bzw. Windschatten achten.

- Bei windigen Verhältnissen dürfen keine Gegenstände am Ausleger und Rettungskorb angebracht werden, welche die Windlast erhöhen.
- Ab 12 m/s (Windstärke 6 Beaufort, ca. 45 km/h) ist das Abstützen mit maximaler Abstützbreite zwingend vorgeschrieben. Außerdem Halteleinen verwenden, Ausleger teilweise einfahren.
- Über 22 m/s (Windstärke 9 Beaufort, ca. 80 km/h) Leiterbetrieb einstellen!
- Bei entsprechender Witterung nur notwendige Einsätze durchführen.
- Warnsignale beachten.
- Ein Aufschwingen des Leitersatzes ist grundsätzlich zu vermeiden. Treten trotzdem Schwingungen auf, muss die Windangriffsfläche sofort verringert und seitliche Belastungen auf den Leitersatz reduziert werden, zum Beispiel indem dieser aus dem Wind gedreht wird.

Herbst und Winter

Im Herbst und Winterzeitraum stellen feuchtes Laub, Eis und Schnee eine Rutschgefahr dar und die Erkundungszeiten zur Auswahl eines geeigneten Standplatzes können sich nicht unerheblich verlängern, da überdeckte Bereiche zunächst freigeräumt werden müssen, um ein umfassendes Inaugenscheinnehmen ermöglichen zu können. Des Weiteren können Stellplätze durch starken Schneefall oder Verräumung ganz oder teilweise blockiert sein. Gefrorene Schneehaufen sind ein kaum zu beseitigendes Hindernis. Bevor ein Hubrettungsfahrzeug abgestützt wird, muss der Untergrund daher ausreichend frei geräumt werden, insbesondere der Bereich der Stützteller ist gegebenenfalls unter Verwendung von Schaufel, Besen und Auftaugranulat vorzubereiten. Optionale Winteraufsätze oder Winterseiten von Unterlegplatten können verwendet werden, um die Reibung der Stützteller auf den Untergrund zu erhöhen. Während einer Bereitstellungsphase empfiehlt es sich den Nebenantrieb zuzuschalten, damit das Hydrauliköl umgewälzt und erwärmt wird. Dies dient einem reibungslosen Einsatz und kann helfen gefährliche »Ruckler« im Betrieb zu vermeiden. Vor dem Betreten des Fahrzeuges bestehende Rutschgefahren auf dem Podest und Leiterpark beachten.

Bild 50: *Der Bereich unterhalb der Stützteller muss von Laub, Eis oder Schnee befreit werden, um Hindernisse und ungeeignete Untergründe erkennen zu können.*

Gefahren und Tipps für den Einsatz im Herbst und Winter:

- Die Anfahrt den äußeren Bedingungen anpassen: »Grundsatz: ›Mach langsam, wir haben es eilig!‹«
- Den Kräfteansatz ggf. umfangreicher planen, da die Belastung für Mensch und Material bei Minustemperaturen deutlich höher ist.
- Sammel- und Aufenthaltsbereiche in warmen Bereichen organisieren (Nachbarbebauung, Mannschaftstransportfahrzeuge…), warme Getränke bereithalten.
- Frühere und häufigere Ablösungen der Einsatzkräfte bedenken.
- Glättegefahr auf den Aufstiegsstufen, Podium und dem Leiterpark durch Laub, Schnee und Eis.

- Gefrierendes Löschwasser wird zur Rutschbahn. Kleine Menge an Salzvorrat mitführen bzw. Unterstützung von lokalen Räumdiensten anfordern.
- Windrichtung beachten. Verhindern, dass Wassernebel am Korb oder Ausleger gefriert (Gewichtszunahme, ggf. Fehlermeldungen durch vereiste Sensoren).
- Fahrzeugmotoren während des Einsatzes laufen lassen.
- Nebenantrieb einlegen, auch wenn noch keine Einsatztätigkeit erfolgt, um durch Umwälzung das Hydrauliköl zu erwärmen (Vermeidung von Rucklern bei Bewegung des Auslegers).
- Unter Druck stehende Wasserleitungen nie ganz abstellen (Gefahr des Einfrierens).
- Mit einzelnem Ausfall der Technik rechnen. Bei starken Minustemperaturen den zur Nutzung zugelassenen Temperaturbereich von Einsatzmitteln beachten.
- Schutzkleidung kann ggf. mit einer Eisschicht überzogen sein. Ersatzkleidung bereithalten.
- Löschanlage sorgfältig entwässern und Umgebungsgefährdungen verhindern.

Hitze

In den letzten Jahren hat die Anzahl hitzebelasteter Tage mit Temperaturen > 30 °C deutlich zugenommen. Das bringt gesundheitliche Risiken mit sich. Vermehrtes Schwitzen kann zu hohen Flüssigkeits- und Elektrolytverlusten und letztlich zu einer Dehydrierung führen und das Herz-Kreislaufsystem kann durch die Anforderungen eines hohen Wärmetransportes überlastet werden. Diese Auswirkungen gehen an den Einsatzkräften nicht vorbei und potenzieren sich aufgrund erforderlicher Schutzkleidung und -gerät in Kombination mit zu ergreifenden Einsatztätigkeiten.

Zur Reduktion gesundheitlicher Risiken durch Hitze während eines Feuerwehreinsatzes bestehen folgende Empfehlungen:

- Konsequenter Sonnenschutz: Kopf und Körper sollten bedeckt sein, ggf. eine Sonnenbrille verwenden.
- Viele kurze Pausen im Schatten einlegen.
- Körperliche Belastungen möglichst reduzieren.
- Auf eine großzügige Flüssigkeitszufuhr achten. Gesunde Einsatzkräfte sollen täglich mindestens drei Liter Flüssigkeit, in kleinen Portionen und kontinuierlich, einnehmen. Nach einem Atemschutzeinsatz sollte die Trinkmenge um weitere 1,5 Liter aufgestockt werden.

- Tipp: Bereits im Einsatzfahrzeug und an der Einsatzstelle müssen ausreichend Getränke bereitstehen.
- Möglichkeiten zum Abkühlen anbieten: Sprühstrahl von Strahlrohren, Tauchbäder für Gliedmaßen etc.
- Personalplanung durchführen. Keine Einsatzkraft sollte anstrengende Einsätze mehrfach hintereinander absolvieren müssen. Rechtzeitige Ablösungen einplanen und weitere Kräfte frühzeitig nachalarmieren.
- Das Tragen von Brandschutzkleidung belastet Einsatzkräfte sehr. Wann immer taktisch und sicherheitstechnisch möglich, sollte auf leichtere, weniger isolierende Einsatzkleidung ausgewichen werden. Zum Beispiel bei der technischen Hilfeleistung oder der Brandbekämpfung im Freien.

Vom Brandrauch gehen die größten Beeinträchtigungen und Gefahren für Einsatzkräfte und betroffene Personen aus. Brandrauch nimmt einen großen Anteil an Brandschäden ein, da auch nicht direkt vom Brandgeschehen betroffene Bereiche umfassend kontaminiert und beeinträchtigt werden können. Daher kommt einer gezielten und kontrollierten Rauchabführung eine zentrale Bedeutung im Brandbekämpfungseinsatz zu. Die taktische Ventilation einer Brandstelle stellt eine eigene einsatztaktische Maßnahme dar und geht weit über das bloße Einbringen von Umgebungsluft in eine Gebäudestruktur o. ä. hinaus. Durch strukturierte Belüftungsmaßnahmen können eine Reihe von Vorteilen erreicht werden:

- verbesserte Sicht für vorgehende Atemschutztrupps,
- schnellere Interventionszeiten,
- Erhöhung der Überlebenswahrscheinlichkeit für im Rauch befindliche Personen,
- Flucht- und Angriffswege können rauchfrei gehalten werden,
- Reduzierung von Temperatureinwirkungen,
- Beaufschlagung mit Wasserdampf auf Kräfte im Innenangriff wird reduziert,
- zielgerichtete Entrauchung betroffener Bereiche.

Zusätzlich zu den etablierten bodengebundenen Aufstell- und Nutzungsmöglichkeiten von maschinellen Belüftungsgeräten, ermöglichen spezielle Aufnahmeeinrichtungen auch eine sichere Fixierung mobiler Ventilatoren an den Körben von Hubrettungsfahrzeugen. Hierdurch lassen sich die Einsatzmöglichkeiten für eine taktische Ventilation erweitern und bei ausgedehnten, in großer Höhe befindlichen oder schwer zugänglichen Brandstellen lassen sich mit ihrer Hilfe Ventilationsmaßnahmen schneller einleiten und durchführen. Maßnahmen zur taktischen Ventilation sind ein selbständiger Teil der Einsatzplanung. Strömungspfade müssen überlegt, beurteilt und ggf. erstellt bzw. angepasst werden, um eine sichere, zielgerichtete Rauchabführung erreichen zu können. Der Auftrag zur Planung und Erstellung einer kontrollierten Belüftung wird idealerweise einem eigens eingesetzten »Lüftertrupp« übertragen, dessen Aufgabe es u. a. ist, sicherzustellen, dass keine verdeckten Öffnungen vorhanden sind. Es muss verhindert werden, dass der Brandrauch in unbetroffene Bereiche gedrückt werden kann. Gegebenenfalls müssen im Vorfeld Türen oder Fenster geschlossen und bei langen Wegen oder

Querverbindungen Rauchschutzvorhänge gesetzt werden. Bei entsprechender Notwendigkeit an besonderen Objekten und geeigneten Aufstellflächen kann auch die Besatzung eines Hubrettungsfahrzeuges als »Lüftertrupp« eingeteilt werden. Dessen Aufgaben sind:

- allgemeine Erkundungsmaßnahmen,
- spezielle Erkundungsmaßnahmen (örtliche Gegebenheiten, Aufstellflächen, Objekt- und Feuerwehreinsatzpläne, Brandort, Windrichtung…),
- Gefahrenbewertung,
- Schaffen von Zu- und Abluftöffnungen,
- Sichern der Abluftöffnung,
- Positionierung maschineller Belüftungsgeräte,
- Bereitschaft und Durchführung der Ventilation.

> **Beispiel: Brand einer Wohnung im 8. Stockwerk eines Hochhaues**
>
> - allgemeine Erkundung der Einsatzstelle/des Einsatzabschnittes:
>   Befragung von Personen (Betroffene, Bewohner, Mitarbeiter, Objektkundige, Augenzeugen…)
> - spezielle Erkundungsmaßnahmen:
>   örtliche Gegebenheiten, Brandstelle, Windrichtung, Aufstellflächen, Objekt- und Feuerwehreinsatzpläne, Brandschutzeinrichtungen (RWA …)
> - Gefahrenbewertung:
>   Vorgehende Kräfte im Innenangriff sind über die Erkundungs- und Planungsergebnisse zu informieren, um ein sicheres und kombiniertes Vorgehen im Einsatz sicherstellen zu können.
> - Offensive Belüftungsmaßnahmen über Hubrettungsfahrzeuge:
>
> 1. Zuluftöffnung:
>   - Fahrzeugstellplatz festlegen.
>   - Ventilation muss in Angriffsrichtung des vorgehenden Trupps erfolgen.
>   - Zuluftöffnung bestimmen.
>   - Bereich unterhalb des Korbes freihalten und absperren.
>   - Zuluftöffnung herstellen.
>   - Zuluftöffnung vor Verschließen sichern.
>
> Anmerkung: Das Schaffen einer Abluftöffnung von außen ist dem Schaffen von innen durch den vorgehenden Trupp vorzuziehen (Zeitfaktor, Gefährdung). Daher sollte in der Einsatzplanung bei Bränden in Hochhäusern o. ä. ein weiteres Hubrettungsfahrzeug vorgesehen wer-

> den, dessen Besatzung die Erstellung, Kontrolle und Sicherung der Abluftöffnung ausführen kann.
>
> **2.** Abluftöffnung:
> - Fahrzeugstellplatz festlegen.
> - Bereich unterhalb des Korbes freihalten und absperren.
> - Abluftöffnung aus sicherem Bereich heraus erstellen (Einreißhaken, Pressluftatmer, handgeführtes Strahlrohr in Bereitschaft).
> - Ausreichende Größe auswählen (Brandlast, Raumgröße, Windverhältnisse beachten – Mindestverhältnis 1:1).
> - Bereich unterhalb des Korbes freihalten und absperren.
> - Abluftöffnung am Brandraum oder in direkter Nähe schaffen.
> - Informationsweitergabe an Einheitsführer/Trupp bei geschaffener Öffnung.
> - Kontrolle und Sicherung der Abluftöffnung (Wasser am Rohr, Feuerüberschlag verhindern).

Unbedingt sollte die Wasserabgabe durch die Abluftöffnung in den Brandraum vermieden werden, wenn sich Kräfte im Innenangriff befinden. Es besteht akute Verbrühungsgefahr. Ausgenommen hiervon sind Löschmaßnahmen von außen zur Vorbereitung eines Innenangriffes, mit dem Ziel zunächst eine Lagestabilisierung und Temperaturreduktion erreichen zu können. Dieses Vorgehen bedarf einer engen Kommunikation, um eine Gefährdung für im Inneren vorgehende Trupps auszuschließen.

Bei zu gering dimensionierten Abluftöffnungen besteht die Gefahr eines zu großen Staudruckes innerhalb der Gebäudestruktur. Hier muss ggf. die Drehzahl des Ventilators reduziert werden, um einen Raucheintritt in unbetroffene Bereiche zu verhindern.

Praxis-Tipp:

Ein mitgeführtes maschinelles Belüftungsgerät am Korb kann bei Bedarf eingesetzt werden, um heiße, aus der Abluftöffnung austretende Brandgase vom Gebäude fernzuhalten. Diese sollten im Neigungswinkel mittig zur Zuluftöffnung und mit einem Abstand von zwei Metern zur Zuluftöffnung positioniert werden.

Belüftungsmaßnahmen dürfen nur nach Absprache erfolgen und werden mit dem vorgehenden Trupp und dem Einheitsführer abgestimmt. Der Atemschutztrupp geht mit dem Luftstrom in das Brandobjekt vor. Es muss dabei immer darauf geachtet werden, dass Einsatzkräfte niemals zwischen Feuer und Abluftöffnung geraten. Das bedeutet auch, dass mit der Überdruckbelüftung erst begonnen werden darf, wenn ggf. der Angriffstrupp die Abluftöffnung geschaffen hat und wieder eine Position »vor« dem Feuer eingenommen hat. Ist ein solches Vorgehen nicht möglich, muss von außen eine Abluftöffnung geschaffen werden, bevor der Trupp den Brandbereich betritt.

9 Hygiene und Dekontaminationsmaßnahmen

Im Zuge eines Brandeinsatzes kommen die eingesetzten Kräfte mit Brandrauch, Verbrennungsprodukten und -rückständen in Kontakt. Aus diesem Grund besitzt der Schutz der Atemwege einen hohen Stellenwert und die primäre Verwendung eines geeigneten Atemschutzes muss obligatorisch sein. Jedoch verändert sich häufig dieser Stellenwert, wenn Brandbekämpfungsmaßnahmen beendet worden sind. Das Bewusstsein darüber, dass auch in der Einsatzphase »Abrüsten und Nachbereitung« Schadstoffe in den Körper aufgenommen werden können, sich dort ablagern und langfristig die Gesundheit bedrohen können, besteht häufig nicht in dem notwendigen Umfang. Allgemeine Hygieneregeln werden nicht oder nur unzureichend berücksichtigt, eine Kontaminationsverschleppung in weitere Bereiche ist die Folge, wenn verschmutzte Bestandteile der Persönlichen Schutzausrüstung willkürlich ausgezogen und dezentral abgelegt werden. Das Ablegen verunreinigter Geräte und Ausrüstung innerhalb von Fahrzeugkabinen ist immer noch ein oft zu beobachtendes Vorgehen, bedeutet aber eine Verbreitung der Verschmutzungen auf andere Bereiche und Komponenten innerhalb des Fahrzeuges. Die Ausdünstungen des eingebrachten Materials belasten zusätzlich die Umgebungsluft. Die Ausführung von Erholungspausen innerhalb der Fahrzeuge und der Konsum von Erfrischungsgetränken und Zigaretten ohne eine vorherige Reinigung der Hände und des Gesichts runden einen sorglosen Umgang ab. Der Grundsatz muss daher lauten, dass man sich erst einmal reinigt/dekontaminiert, bevor etwas gegessen, getrunken oder geraucht wird. Eine Inkorporation muss ausgeschlossen werden und eine Verschleppung der Kontamination muss vermieden werden.

Auf die Notwendigkeit entsprechende Gefährdungsbeurteilungen und Hygienekonzepte zu erstellen, wird deutlich hingewiesen. Bereits bei der Anfahrt und mit dem Erreichen einer Einsatzstelle können einfache Empfehlungen helfen, die Kontaminationsbelastung für Einsatzkräfte, Ausrüstungsgegenstände und Einsatzfahrzeuge möglichst gering zu halten. Bewährt haben sich u. a. folgende Hinweise:

- Möglichst die Windrichtung beachten.
- Fahrzeuge nicht im Rauch abstellen.
- Denkbare Ausbreitungsrichtung einer Rauchwolke beachten.
- Fahrzeugfenster, Türen und Geräteräume schließen.
- Lüftung ausschalten.

- Einsatzkräfte sollten Einweghandschuhe gemäß DIN EN ISO 374-5:2017-03 »Virus« oder Baumwollhandschuhe unter ihren Feuerwehrschutzhandschuhen tragen, sofern eine herstellerseitige Freigabe gegeben ist. Hierdurch kann eine Kontamination der Hände deutlich reduziert werden.
- Bewerten, ob eine angepasste Einsatztaktik angewandt werden kann, die eine geringere Kontamination der Einsatzkräfte erwarten lässt (z. B. zunächst qualifizierter Außenangriff, dann erst Innenangriff, Benutzung von Rauchschutzvorhängen, Löschnägeln oder -lanzen etc.).

Merke:

Eine gründliche Hygiene an Einsatzstellen ist präventiver Gesundheitsschutz.

Während der Durchführung von Brandbekämpfungsmaßnahmen können der Korb und der Ausleger eines Hubrettungsfahrzeuges durch den Brandrauch und dessen Brandfolgeprodukten kontaminiert sein. Die Alarmierung von Dekon-G-Einheiten ist daher in die Einsatzplanung mit einzubeziehen, um optional beaufschlagte Fahrzeuge bereits vor Ort reinigen und dekontaminieren zu können. Um einen Schadstoffeintritt an einer Brandstelle zu vermeiden, ist es ratsam, Fenster und Türen von Fahrzeugen zu schließen sowie die Lüftung auszuschalten.

9.1   Brandfolgeprodukte

Bei nicht bestimmungsgemäßen Brandereignissen handelt es sich um unkontrolliert ablaufende Ereignisse, bei denen aus einer Vielzahl an brennbaren Ausgangsstoffen eine unüberschaubare Anzahl von Brandfolgeprodukten mit diversen toxischen, umweltgefährdenden oder korrosiv wirkenden Eigenschaften entstehen können. Je nach herrschenden Temperaturen kommt es zur Bildung verschiedener Stoffprodukte:

Tabelle 10: *Brandfolgeprodukte*

Temperaturbereich (in °C)	entstehende Stoffe
100–300	Wasser, Halogenwasserstoffe, Blausäure, Schwefelwasserstoff und Schwefeldioxid
300–400	Methan, Ethanol und Formaldehyd

Tabelle 10: *Brandfolgeprodukte (Fortsetzung)*

Temperaturbereich (in °C)	entstehende Stoffe
500–600	Benzol, Aromaten, halogenhaltige Aromaten und Phenole

Bei herrschenden Temperaturen von 400–700 °C treten auch Polycyclische Aromatische Kohlenwasserstoffe (PAK) und Polyhalogenierte Dibenzodioxine und Dibenzofurane (PHDD/PHDF) auf. Oberhalb von 800 °C kommt es bei einem idealen Brandverlauf mit ausreichender Sauerstoffzufuhr zur Bildung von Kohlendioxid, Kohlenmonoxid, Wasser und Stickoxiden. Diese Brandfolgeprodukte liegen im unmittelbaren Brandbereich und angrenzenden Arealen vor und gelangen über den Brandrauch ins Freie. Beim Abkühlen der Rauchgase kommt es zur Ausscheidung von Rußpartikeln und Rauchkondensat auf Oberflächen, Einrichtungsgegenständen, Fahrzeugen o. a. im Bereich der Schadenstelle und der Umgebung. Diese Rauchgasniederschläge enthalten ebenso wie die Rauchgase eine Vielzahl toxischer Verbindungen und sind, im Gegensatz zu den gasförmigen Schadstoffen, an Rußpartikel gebunden. Diese Schadstoffe verbreiten sich daher nur geringfügig über die Luftwege, überwiegend werden die an den Rußpartikeln gebundenen Giftstoffe über das Löschwasser in die Umgebung transportiert. Während der laufenden Brandbekämpfung sind die akut giftigen Bestandteile der Rauchgase gefährlich für Einsatzkräfte und betroffene Personen, die Verwendung eines geeigneten Atemschutzes ist unabdingbar. An kalten Brandstellen mit kontaminierten Bereichen, Gegenständen, Einsatzkleidung und -gerät ist die langsame, aber permanente Aufnahme hochgiftiger Stoffe von großer Bedeutung. Neben dem entstandenen Ruß sind die besonders krebserregenden PAK, Polychlorierte Biphenyle (PCB) und Polychlorierte Dibenzo-p-dioxine und Dibenzofurane (PCDD/PCDF) zu beachten. Aber auch korrosionsfördernde Chloride, die sich beim Kondensieren von Chlorwasserstoff auf Oberflächen bilden, sind von Relevanz für eine sachgerechte und sichere Nachbearbeitung und Dekontamination.

Merke:

Nach einem Einsatz der Fahrzeuge im Bereich der Rauchgaszone ist zu prüfen, ob sich eventuell saure oder basische Rauchgase niedergeschlagen haben (pH-Wert). Durch Abspülen mit Wasser können die Niederschläge beseitigt werden. Eine Ruß-Exposition von Einsatzfahrzeugen und Gerät ist nach Möglichkeit zu vermeiden. Stark verrußte Geräte sollten vor deren Abtransport an der Einsatzstelle vorgereinigt werden.

9.2   Reinigung und Dekontamination

Für den weitaus größten Teil an Infektionen, die Aufnahme giftiger oder krebserregender Stoffe in den Körper sind verunreinigte Hände verantwortlich, da sie direkt das Gesicht, den Mund und die Augen berühren. Zur Vermeidung ist daher eine konsequente Einsatzstellenhygiene einzuhalten. Verschmutzte Hände sind nach Brandeinsätzen hygienisch und desinfizierend zu waschen. Kontaminierte/verunreinigte Ausrüstungsgegenstände und Einsatzmittel sind vorzureinigen, zu verpacken und gesondert einer Nachbereitung zuzuführen, um eine Verschleppung gefährlich wirkender Stoffe und Produkte in Fahrzeuge, Standorte und Unterkünfte auszuschließen. Das Ziel muss es sein, die Exposition von Einsatz- und nachbereitenden Kräften mit gefährlichen Substanzen zu vermeiden, um akute, chronische oder Krebserkrankungen verhindern zu können. Eine funktionierende Einsatzstellenhygiene fängt bereits vor einem Einsatz an. Eine angepasste Geräte- und Materialausstattung, Planung sowie eine sinnvolle Einsatzstellenorganisation können präventiv helfen, eine Exposition zu vermeiden, bzw. deren Folgen abzumildern.

Geräte- und Materialausstattung
Feuerwehrfahrzeuge können konzeptionell mit Hygiene- und Waschsets ausgestattet werden, um die Einsatzstellenhygiene und Grob-Dekontamination frühzeitig bereits am Einsatzort durchführen zu können. Zu beobachten sind vielerorts verbaute »Hygieneboards«, an denen eine separate Druckluft- und Wasserversorgung, Seifen- und Papierhandtuchspender sowie Spiegel montiert sind. Auch im Rahmen der Einsatzvorbereitung zusammengestellte Hygieneboxen ermöglichen eine gute Grob-Dekontamination nach dem Einsatz. In der DIN 14800-18 Beiblatt 12:2011-11 ist ein Beladungsmodul L1 Grobreinigung beschrieben. Demnach sollte der Inhalt einer Hygienebox folgende Gegenstände und Produkte enthalten:

- Seifenspender, auslaufsicher mit etwa 500 Milliliter Waschlotion,
- Händedesinfektionsmittel, etwa 500 Milliliter,
- Papierhandtücher, feuchtigkeitssicher gelagert,
- B-Blindkupplung mit Wasserhahn,
- Waschbürste mit Schlauchanschluss und etwa 1,5 Meter langem Schlauch zum Anschluss an den Wasserhahn.

Merke:
Entscheidend für die Einsatzstellenhygiene ist die Einstellung der eingesetzten Kräfte! Vorhandene Ausstattung muss auch benutzt werden.

Weitergehende Planungen beinhalten eine konsequente »Schwarz-Weiß-Trennung« für die Transportlogistik ab der Einsatzstelle bis zu den nachbereitenden Servicestützpunkten und Feuerwehrstandorten. Ein dem Ereignis angepasste Stellplatzplanung, das Material und Gerätemanagement können wesentlich dazu beitragen, dass so wenig Fahrzeuge und Gerätschaften wie möglich in einen Kontaminationsbereich gelangen.

Um die richtigen Dekontaminationsmaßnahmen und den notwendigen Umfang ermitteln zu können, helfen folgende Leitfragen:

- Mit welchen Gefahrstoffen ist zu rechnen (z. B. Gefahrstofflagerung, problematische Baustoffe vorhanden)?
- Welche Schadstoffe und Brandfolgeprodukte können im Brand entstehen (Brandbild, Brandgut, Ablagerungen)?
- Beeinflussen Maßnahmen der Feuerwehr die Schadstoffentstehung bzw. deren Verbreitung?
- Auf welchem Wege können Schadstoffe aus der Einsatzstelle ausgetragen werden?
- Mit welcher Schadstoffsituation ist an der kalten Brandstelle, z. B. durch Rußablagerungen oder Asbestfaserfreisetzung, zu rechnen?

Zusatzinformation:

Weitergehende Informationen enthalten die DGUV Information 205-035, Hygiene und Kontaminationsvermeidung bei der Feuerwehr sowie die vfdb-Richtlinie 10/03 Schadstoffe bei Bränden.

10 Tipps und Anregungen

Folgende kleine Tipps wollen dazu anregen, dass man innerhalb seiner Feuerwehr von Zeit zu Zeit die vorhandene Ausrüstung, bestehende Sichtweisen und etablierte Handlungsweisen auf ihre Aktualität und weitere Notwendigkeit hin überprüft, um im Ergebnis eine gegebenenfalls erforderliche Anpassung oder Erweiterung vorzunehmen. Auf diese Weise wird erreicht, dass man den stetig steigenden und wechselnden Anforderungen und Gegebenheiten gerecht werden kann.

10.1 Einsatzkasten

Viele Körbe von Hubrettungsfahrzeugen verfügen über ein integriertes Staufach. Häufig werden dort Schlauchmaterial, ein Strahlrohr und Brandfluchthauben vorgehalten. Darüber hinaus ermöglicht ein Einsatzkasten eine erweiterte Aufnahme von Ausrüstungsgegenständen, die für eine Brandbekämpfung »Klein« aus einem Korb heraus benötigt werden können. Er lässt sich leicht mittels einem in der Bestückung enthaltenen Aufsteckzapfen in die Multifunktionssäulen aufstecken oder über angebrachte Haltewinkel in der Ecke eines Korbes auf dem Korbgeländer

Bild 51: *Aufgesteckter Einsatzkasten am Korb einer Drehleiter (Quelle: Marco Schmidt)*

einhängen. Auf diese Weise fungiert sie als Materialdepot. Beispielhafter Inhalt Einsatzkasten:

- Hohlstrahlrohr,
- C-Schlauch,
- Kupplungsschlüssel,
- Schlauchhalter,
- Feuerwehrleine,
- Brandfluchthauben,
- ABEK-Filter,
- Brandfluchthauben,
- Brechstange »klein«.

Bild 52: *Aufnahmeplatte für ein Atemschutzgerät zur mobilen Atemluftversorgung am Hauptbedienstand*

10.2   Atemschutz Hauptbedienstand

Der Großteil der Hubrettungsfahrzeuge verfügt über keine technische Vorhaltung einer zentralen Atemluftversorgung. Um dennoch einen jederzeit verfügbaren Grundschutz vor kurzzeitig bestehenden Rauchentwicklungen im Bereich des Hauptbedienstandes sicherstellen zu können, bietet sich dort die Bevorratung eines Atemanschlusses mit einem Kombinationsfilter an (▶ Bild 52). Darüber hinaus kann eine schnell zu befestigende Aufnahmeplatte für ein Atemschutzgerät, einen erweiterten Atemschutz für den tätigen Maschinisten im Einsatz zur Verfügung stellen.

10.3   Befestigung Brechwerkzeug am Hubrettungsfahrzeug

Im Zuge von Brandbekämpfungsmaßnahmen kann es erforderlich sein, dass zunächst die einen Brand überdeckenden Strukturen beseitigt werden müssen, um

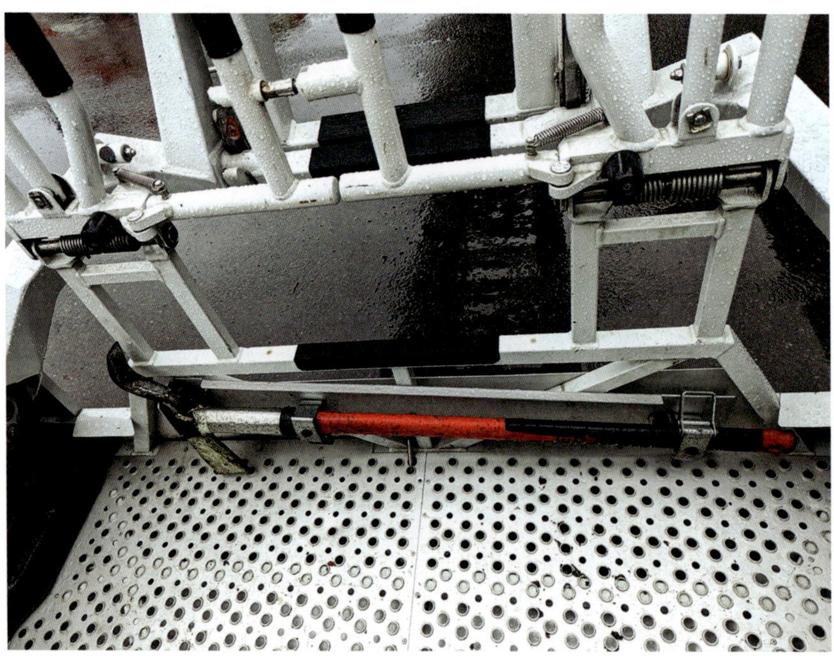

Bild 53:   *Verlastetes Brechwerkzeug im Korb einer Drehleiter*

einen Löscherfolg erzielen zu können. Zur Eröffnung oder Entfernung sind dazu geeignete Brechwerkzeuge erforderlich. Um im Bedarfsfall jederzeit über sie verfügen zu können, stellt eine permanente Lagerung im Korb oder Leitersatz eines Hubrettungsfahrzeuges eine gute Option dar; die Besatzung kann sie jederzeit aus der Halterung entnehmen und sie nach Gebrauch wieder sicher verstauen.

10.4 Nachtsichtgerät

Auch in lichtschwacher Umgebung müssen vorhandene Hindernisse zuverlässig erkannt werden. Zusätzlich zu einer strukturierten Suche und einer ausreichenden Ausleuchtung können auch Wärmebildkameras oder Nachtsichtgeräte bei einer Aufspürung helfen. Es sind leistungsfähige, kompakte und preislich darstellbare Nachtsichtgeräte oder Restlichtverstärker am Markt erhältlich, die einen Vorteil bei der Erkundung bringen könnten.

11 Fazit

Die Einsatzmöglichkeiten von Hubrettungsfahrzeugen bei einem Brandeinsatz werden vielfach nicht oder nicht umfassend genug genutzt. Es ist häufig zu beobachten, dass das etablierte Einsatzgeschehen auf die Einbindung von Drehleitern oder Hubarbeitsbühnen verzichtet und so viele vorteilhafte Verwendungsmöglichkeiten ungenutzt bleiben. Daher gilt es den Stellenwert direkter und indirekter Brandbekämpfungsmaßnahmen, die über Hubrettungsfahrzeuge ausgeführt werden können, zu kennen und deutlicher als bisher herauszuarbeiten, um eine offensivere Verwendung im Einsatz erreichen zu können. Den Grundstein hierfür legt die Anpassung des Übungsbetriebes und eine Erweiterung entsprechender Aus- und Fortbildungsinhalte für Führungs- und Einsatzkräfte. Innerhalb des akuten Einsatzgeschehens schafft ein intensiver organisatorischer und planerischer Mehraufwand die räumlich und taktischen Rahmenmöglichkeiten die für ein in Stellung bringen und Ergreifen von Einsatzmaßnahmen von Relevanz sind. Es lohnt sich, das bisher angewandte örtliche Vorgehen im Brandeinsatz zu diskutieren, zu reflektieren und daraufhin zu beleuchten, in welchem Einsatz und an welcher Stelle eine Unterstützung über ein Hubrettungsfahrzeug einen einsatztechnischen Vorteil hätte erbringen können. Auf diese Weise kann zukünftig eine bessere Einbindung erreicht werden.

Literatur- und Quellenverzeichnis

AGBF-Bund; DFV: Fachempfehlung Absturzsicherung im Rettungskorb von Hubrettungsfahrzeugen, online abrufbar unter: https://www.feuerwehrverband.de/app/uploads/2022/06/DFV-AGBF-FE_Absturzsicherung_Rettungskorb_2022-02.pdf, letzter Zugriff: 15.01.2024.

AGBF-Bund; DFV; DVGW: Information Löschwasserversorgung aus Hydranten in öffentlichen Verkehrsflächen, online abrufbar unter: https://www.feuerwehrverband.de/app/uploads/2020/06/2018-04_Fachempfehlung-Loeschwasserversorgung.pdf, letzter Zugriff: 15.01.2024.

AGBF-Bund; DFV: Fachempfehlung Absturzsicherung im Rettungskorb von Hubrettungsfahrzeugen DFV-FE-73-2022 vom 22. Juni 2022, online abrufbar unter: https://www.feuerwehrverband.de/app/uploads/2022/09/DFV-AGBF-FE_Absturzsicherung_Rettungskorb_2022-09.pdf, letzter Zugriff: 15.01.2024.

AGBF NRW;IdF NRW VdF NRW: Fachempfehlung für die Brandbekämpfung zur Menschenrettung, online abrufbar unter: https://lernkompass.idf.nrw/goto.php?target=file_5238_download&client_id=Feuer, letzter Zugriff 15.01.2024.

AGBF NRW: (Muster-)Gefährdungsbeurteilung für die Feuerwehr: Bereiche Einsatz, Ausbildung und Übung, online abrufbar unter: https://sifw.rms2cdn.de/files/pdf_files/Mustergef%C3%A4hrdungsbeurteilung%20Feuerwehr%20Bereiche%20Einsatz%20Ausbildung%20%C3%9Cbung%20I.pdf, letzter Zugriff: 15.01.2024.

Basellandschaftliche Gebäudeversicherung: Unterlagen und Dokumente Feuerwehr, online abrufbar unter: https://bgv.ch/feuerwehr, letzter Zugriff: 15.01.2024.

Bayerisches Staatsministerium des Innern und für Integration; Bayerisches Staatsministerium für Umwelt und Verbraucherschutz: Umweltschonender Einsatz von Feuerlöschschäumen, online abrufbar unter: https://www.sfsg.de/fileadmin/downloads/SFSG/Leitfaden.pdf, letzter Zugriff: 15.01.2024.

Brand-Feuer.de: Onlineartikel Brandfolgeprodukte, online abrufbar unter: https://www.brand-feuer.de/index.php/Brandfolgeprodukte, letzter Zugriff: 15.01.2024.

Bundesamt für Strahlenschutz: Biologische Wirkungen hochfrequenter Felder, online abrufbar unter: https://www.bfs.de/DE/themen/emf/hff/wirkung/hff-nachgewiesen/hff-nachgewiesen.html, letzter Zugriff: 15.01.2024.

Bundesnetzagentur: Online EMF-Karte, online abrufbar unter: https://www.bundesnetzagentur.de/DE/Vportal/TK/Funktechnik/EMF/start.html, letzter Zugriff: 15.01.2024.

Deutscher Feuerwehrverband: Vermeidung von Stromunfällen beim Einsatz von Hubrettungsfahrzeugen, online abrufbar unter: https://crisis-prevention.de/feuerwehr/vermeidung-von-stromunfaellen-beim-einsatz-von-hubrettungsfahrzeugen.html, letzter Zugriff: 15.01.2024.

DGUV Information 205-035: Hygiene und Kontaminationsvermeidung bei der Feuerwehr, online abrufbar unter: https://publikationen.dguv.de/widgets/pdf/download/article/3730#page=18, letzter Zugriff: 15.01.2024.

DGUV Information 205-024: Unterweisungshilfen für Einsatzkräfte mit Fahraufgaben, online abrufbar unter: https://publikationen.dguv.de/regelwerk/dguv-informationen/2871/unterweisungshilfen-fuer-einsatzkraefte-mit-fahraufgaben, letzter Zugriff: 15.01.2024.

DGUV-Regel 112-198: Benutzung von persönlichen Schutzausrüstungen gegen Absturz, online abrufbar unter: https://publikationen.dguv.de/widgets/pdf/download/article/1013, letzter Zugriff: 15.01.2024.

DREHLEITER.info: Fachinformation Hubrettungsfahrzeuge im Wintereinsatz, Ausgabe 4, Oktober 2015, online abrufbar unter: https://www.drehleiter.info/download/fachinformation-winterbetrieb?wpdmdl=3196&refresh=65a0fa677e2b61705048679, letzter Zugriff: 15.01.2024.

DVGW-Regelwerk und Information zur Löschwasserentnahme, online abrufbar unter: https://www.dvgw.de/themen/wasser/netze-und-speicherung/loeschwasser, letzter Zugriff: 15.01.2024.

Mitte und Feuerwehr- Unfallkasse Brandenburg: Aus- und Fortbildung an Photovoltaikanlagen, online abrufbar unter: https://www.hfuknord.de/hfuk-wAssets/docs/service-und-downloads/download-praevention/stichpunkt-sicherheit/StiSi-Aus-Fortbildung-Einsaetze-an-Photovoltaikanlagen.pdf, letzter Zugriff: 15.01.2024.

Magirus GmbH – online abrufbar unter: https://www.magirusgroup.com/de/de/serving-heroes/download-center/, letzter Zugriff: 15.01.2024.

Menzel, Christoph/Rüsenberg, Markus: Einsatzhinweise zu Bränden in Kultur- und Sakralbauten, online abrufbar unter: https://www.lfs-bw.de/fileadmin/LFS-BW/themen/einsatzdienst/sonderlagen/dokumente/Braende_historische_Bauten.pdf, letzter Zugriff: 15.01.2024.

Müller, Fabian: Hinweise zur Ventilation bei Brandeinsätzen, online abrufbar unter: https://www.lfs-bw.de/fileadmin/LFS-BW/themen/taktik/brand/dokumente/Hinweise_Ventilation.pdf, letzter Zugriff: 15.01.2024.

Niederösterreichischer Landesfeuerwehrverband: Grundlagen Löschschaum, online abrufbar unter: https://www.noe122.at/downloads-hauptkategorie/ausbildungs-unterlagen/leitfaden-grundlagen-loeschschaum-2020.pdf, letzter Zugriff: 15.01.2024.

Rosenbauer International AG – online abrufbar unter: https://www.rosenbauer.com/de/int/world/download-center, letzter Zugriff: 15.01.2024.

Schadenprisma: Chemische Brandfolgeschäden, online abrufbar unter: https://www.schadenprisma.de/wp-content/uploads/pdf/1997/sp_1997_2_2.pdf, letzter Zugriff: 15.01.2024.

Slaby, Christoph/Wibel, Adrian: Hinweise zu Dachstuhlränden, Ausgabe August 2012, online abrufbar unter: https://www.lfs-bw.de/fileadmin/LFS-BW/themen/taktik/brand/dokumente/Hinweise_Dachstuhlbraende.pdf, letzter Zugriff: 15.01.2024.

Thöne, Jörg: »Einsatzstellenorientierung«, Verlag W. Kohlhammer, Stuttgart, 2018.

Unfallkasse NRW: Arbeit bei Feuer und Sommerhitze, online abrufbar unter: https://sichere-feuerwehr.de/feuerwehr/taetigkeiten-fw/arbeit-bei-feuer-und-sommerhitze, letzter Zugriff: 15.01.2024.

Unfallkasse NRW: Elektrische Anlagen, online abrufbar unter: https://www.sichere-feuerwehr.de/feuerwehr/taetigkeiten-fw/elektrische-anlagen, letzter Zugriff: 15.01.2024

Unger/Beneke/Thrien: »Hubrettungsfahrzeuge«, Verlag W. Kohlhammer, Stuttgart, 2021.

vfdb Merkblatt: MB 10-13 Empfehlung für den Feuerwehreinsatz zur Einsatzhygiene bei Bränden, online abrufbar unter: https://www.vfdb.de/media/doc/merkblaetter/MB_10_13_Einsatzhygiene_Ref10_2020_09.pdf, letzter Zugriff: 15.01.2024.

Vogel, Martin: »Schornsteinbrände«, Verlag W. Kohlhammer, Stuttgart, 2019.

Anhang

Anhang 1: Wirkung von Strom auf den Körper

Wechselstrom		Gleichstrom	
Stormstärke (Richtwerte)	Wirkung auf den Menschen	Stromstärke (Richtwerte)	Wirkung auf den Menschen
bis 1 mA	**Reizschwelle** Strom ist kaum spürbar	bis 2 mA	**Wahrnehmbarkeitsschwelle**
5 mA	**Elektrisieren/Ameisenlaufen/ Kribbeln** Der Leiter kann noch losgelassen werden, 5 bis 10 mA werden als schmerzhaft empfunden	bis 100 mA	**Schmerzschwelle** ohne Muskelkrämpfe, beim Ein- und Ausschalten stechende Schmerzen in den Gelenken und Wärmegefühl
15 mA	**Krampfschwelle** Loslassgrenze möglicherweise überschritten, Verkrampfung der Atemmuskulatur möglich	ab 100 mA	**Todesschwelle** Tödliche Wirkung, Herzstillstand/Herzkammerflimmern je nach Expositionszeit ab 100 mA möglich **Krampfschwelle** Muskelverkrampfungen, Loslassen erst nach Sekunden oder Minuten möglich, insbesondere ab 300 mA
50 mA	**Gefahrenschwelle** Atmung wird behindert, evtl. Herzstillstand/Herzkammerflimmern		
ab 80 mA	**Todesschwelle** Tödliche Wirkung: Herzstillstand/Herzkammerflimmern nach 0,3 bis 1 Sekunde wahrscheinlich		

Anhang 2: Technische Daten Löscheinsatz – Auszüge aus Bedienungsanleitungen

Drehleitertyp	Maximaler Aufrichtwinkel	Maximale Leiterlänge
Alle Leitertypen	70°	Maximale Leiterlänge abzüglich 2 Meter
Nennleistung bei 26 mm Mundstückweite	1 550 l/min bei 12 bar	
Wurfweite	max. 45 Meter	
Nennleistung	max. 1 000 l/min bei 10 bar	
Wurfweite	> 42 Meter	
Drehbereich vertikal	– 30 ° bis + 30 °	
Drehbereich horizontal	– 50 ° bis + 90 °	
Nennleistung	max. 2 000 l/min	
Wurfweite	max. 60 Meter	
Drehbereich vertikal	– 30 ° bis + 30 °	
Drehbereich horizontal	– 40 ° bis + 70 °	

Rettungskorb RC 300/RC 400-C	Maximal zulässige Belastung beim Löschen mit Wasser-/Schaumwerfer	
	max. 1 200 l/min, elektrisch fest eingebaut	max. 2 500 l/min elektrisch oder manuell
Maximaler Aufrichtwinkel der Leiter	75°	75°
Maximale Belastung im Korb	Jede Korbgrenze um eine Person reduziert	Jede Korbgrenze um eine Person reduziert
Maximaler Strahlrohrdruck	10 bar	10 bar

Rettungskorb RC 300/RC 400-C	Maximal zulässige Belastung beim Löschen mit Wasser-/ Schaumwerfer	
	max. 1 200 l/min, elektrisch fest eingebaut	max. 2 500 l/min elektrisch oder manuell
Schwenkwinkelbereich	+ 20 ° – 60 °	+ 50 ° – 55 °
Seitliches Drehen	± 30 °	± 30 °

Anhang 3: Windstärkentabelle Beaufort

Die Beaufort-Skala ist ein Hilfsmittel, mit deren Hilfe die Windstärke anhand der Auswirkungen des Windes geschätzt werden kann.
Sie reicht von Stärke 0 (Windstille) bis Stärke 12 (Orkan).

Beaufort-grad	Bezeichnung	Mittlere Windgeschwindigkeit in 10 m Höhe über freiem Gelände		Beispiele für die Auswirkungen des Windes im Binnenland
		m/s	km/h	
0	Windstille	0 – 0,2	< 1	Rauch steigt senkrecht auf
1	leiser Zug	0,3 – 1,5	1 – 5	Windrichtung angezeigt durch den Zug des Rauches
2	leichte Brise	1,6 – 3,3	6 – 11	Wind im Gesicht spürbar, Blätter und Windfahnen bewegen sich
3	schwache Brise schwacher Wind	3,4 – 5,4	12 – 19	Wind bewegt dünne Zweige und streckt Wimpel
4	mäßige Brise mäßiger Wind	5,5 – 7,9	20 – 28	Wind bewegt Zweige und dünnere Äste, hebt Staub und loses Papier

Die Beaufort-Skala ist ein Hilfsmittel, mit deren Hilfe die Windstärke anhand der Auswirkungen des Windes geschätzt werden kann.
Sie reicht von Stärke 0 (Windstille) bis Stärke 12 (Orkan).

Beaufort-grad	Bezeichnung	Mittlere Windgeschwindigkeit in 10 m Höhe über freiem Gelände		Beispiele für die Auswirkungen des Windes im Binnenland
5	frische Brise frischer Wind	8,0 – 10,7	29 – 38	kleine Laubbäume beginnen zu schwanken, Schaumkronen bilden sich auf Seen
6	starker Wind	10,8 – 13,8	39 – 49	starke Äste schwanken, Regenschirme sind nur schwer zu halten, Stromleitungen pfeifen im Wind
7	steifer Wind	13,9 – 17,1	50 – 61	fühlbare Hemmungen beim Gehen gegen den Wind, ganze Bäume bewegen sich
8	stürmischer Wind	17,2 – 20,7	62 – 74	Zweige brechen von Bäumen, erschwert erheblich das Gehen im Freien
9	Sturm	20,8 – 24,4	75 – 88	Äste brechen von Bäumen, kleinere Schäden an Häusern (Dachziegel oder Rauchhauben abgehoben)
10	schwerer Sturm	24,5 – 28,4	89 – 102	Wind bricht Bäume, größere Schäden an Häusern
11	orkanartiger Sturm	28,5 – 32,6	103 – 117	Wind entwurzelt Bäume, verbreitet Sturmschäden

Die Beaufort-Skala ist ein Hilfsmittel, mit deren Hilfe die Windstärke anhand der Auswirkungen des Windes geschätzt werden kann.
Sie reicht von Stärke 0 (Windstille) bis Stärke 12 (Orkan).

Beaufort-grad	Bezeichnung	Mittlere Windgeschwindigkeit in 10 m Höhe über freiem Gelände		Beispiele für die Auswirkungen des Windes im Binnenland
12	Orkan	ab 32,7	ab 118	schwere Verwüstungen

Björn Liedtke

Hubrettungsfahrzeuge im technischen Hilfeleistungseinsatz

2021. 113 Seiten mit 46 Abb. und 3 Tab.
Kart.
€ 22,–
ISBN 978-3-17-031515-0
Fahrzeuge und Technik

Hubrettungsfahrzeuge können nicht nur zur Menschenrettung und im Brandeinsatz eingesetzt werden, sondern auch im technischen Hilfeleistungseinsatz. Das Buch beschreibt die Grundlagen des Einsatzes von Drehleitern und Hubarbeitsbühnen sowie deren Verwendungsmöglichkeiten bei Verkehrsunfällen, beim Motorsägenbetrieb, bei der Absturzsicherung, dem Ausleuchten von Einsatzstellen sowie die Verwendung im Lasthebeeinsatz. Zudem wird auf spezielle Gefahren, wie etwa dem Leiterbetrieb bei markanten Wetterlagen oder in der Nähe von Stromleitungen, eingegangen.